大城诤言——
一位城乡规划与建设领域教授的心声

赵宪尧　著

华中科技大学出版社

中国·武汉

图书在版编目(CIP)数据

大城诤言——一位城乡规划与建设领域教授的心声/赵宪尧著.—武汉:华中科技大学
出版社,2014.12(2024.10重印)

ISBN 978-7-5609-9886-2

Ⅰ.①大… Ⅱ.①赵… Ⅲ.①城市规划-文集 Ⅳ.①TU984-53

中国版本图书馆 CIP 数据核字(2014)第 301254 号

大城诤言——一位城乡规划与建设领域教授的心声　　　　　　　赵宪尧　著

责任编辑:简晓思

责任校对:张　琳

封面设计:王亚平

责任监印:张贵君

出版发行:华中科技大学出版社(中国·武汉)　　　电话:(027)81321913

　　　　　武汉市东湖新技术开发区华工科技园　　　邮编:430223

录　　排:华中科技大学惠友文印中心

印　　刷:武汉邮科印务有限公司

开　　本:787mm×1092mm　1/16

印　　张:11　插页:4

字　　数:175 千字

版　　次:2024 年 10 月第 1 版第 2 次印刷

定　　价:38.00 元

自　序

老来吐真言

少年时,曾经有过文学梦,那时,几位少男少女编写少先队壁报,起名《新苗》,在上面写文填词。到了青年时期,也曾在报刊登出过"豆腐块"短文,还因文惹祸,于是,连日记也不敢写了。不曾想,到了从心所欲之年,网络却唤醒我沉睡近半个世纪的梦,我开始写起了新浪博客、交通博客;更为出乎意料的是,由于许多大城市在上一轮城市化运动中的超常规扩张与发展带来了诸多问题,作为所谓的专家教授,常常接受各路媒体采访,或受邀为政府官员、城市规划建设科技人员、市民作讲座,或受邀到电台、电视台当嘉宾作点评。只要不出大格,博客文章写好,挂在网上,就能发表。有人看,还有人评论,这很自由、很有趣,也很吸引人;讲座和点评都是面对听众和观众,台上现场发挥、畅所欲言,台下反响热烈、掌声不断,也很有些自得。

出版社决定出版我的学术著作《可持续发展城市化道路》,我对编辑说,我写的一些博客文章,报社、电台采访报道,《讲座》录音记录等,可以作为那本书的配套说明,阅读起来,可能有助于了解我的学术思想。编辑上网看了看,认为可行,于是就有了这本《大城净言》的初稿。子曰:"吾十有五而志于学,三十而立,四十而不惑,五十而知天命,六十而耳顺,七十而从心所欲,不逾矩。"这句话讲的是人生经历,每个人,似乎都应该走完人生的这六个阶段。当然,年龄可以提前,也可能延后,但次序是不会颠倒的。过了从心所欲之年,已经走进自由王国,可以做自己爱做的事,说自己想说的话,套句网络语言:感觉就是不一样,真的爽极了!

我们这一代人,要想不说废话、假话,不说官话、套话,并不容易,说真话就更难了。童言无忌,儿时敢说真话,老来无求,也敢说说真话。正值有为之年就不然,说话做事都是谨慎得很,否则,祸从口出,吃不了兜着走,例子是很多的。好多人直到老年,才敢口吐真言,像赵丹、巴金、季羡林这些有识之士,也都是如此。我一介凡夫俗子,难脱俗,也是老来口吐真言。一个人说套话、假话,不说真话,不能畅所欲言,不但使自己心情压抑,而且聪明才智也难以得到发挥,这也许正是咱们少有创新的原因。所以我特别盼望,不但儿童、老人能说真话,敢说真话,口吐真言,而且青年人、中年人尤其要能说真话,敢说真话,口吐真言。

这本书,其实就是一本口吐真言、说真话的书,是一位从事一辈子科学技术与高等教育工作的老人,絮絮叨叨说的一些与自己工作有关的真话。这些真话大多是写在网络上的,也有些是对媒体记者说的,还有便是在作讲座或报告时说的。我将它们收集在一起,原本想给书起名《从心博文》。博文,不是说文章写得如何精彩,而是想告诉读者,书中文章,多是选自我发表在网上的一些博客文章;又因为这些博文绝大多数写于笔者年过七十、不再担任教学任务之后,所以添上了"从心"两字。书的副标题是编辑建议加上的,这样可能有利于读者对本书主题的把握。但编辑建议,收录在书中的文字还是要聚焦在城市规划建设与管理领域,突出主题,于是决定用《大城诤言》作为书名。这是一本关于中国大城市发展的杂谈录,虽然谈到的都是城市规划建设与管理问题,似乎很专业,但涉及的话题,同城市与乡村的每个人都有关系,每个人都可能关心、感兴趣,也都能看得懂、看得下去,引起思考。

全书文字分成了两个部分:一,主要选自新浪博客、交通博客,包括在交通网"人物专栏"上登出的文字;媒体采访以及讲座记录;二,虽然多数也是因工作缘由引发的感悟,但少有专业术语,感兴趣的读者范围可能广泛些,算是有些文学和艺术性的作品。此外,还收集了几幅精美的彩色照片。

因为少年时曾做过文学梦,所以想让这本书也沾沾文学气息,就想起找一位文学大家写篇序。正巧,与我同在 2014 年武汉"名家论坛"第二期作讲座的主讲人,就有武汉作家协会主席池莉女士。打定主意,想请她写序。打电话到北京,征求同在少年先锋队编过壁报的同学向前的意见,想请她代为引荐。向前,这位《人民文学》杂志的资深编辑,在我们几个一同做过文学梦的少男少女中,是唯一实现了文学梦想的。她在 1959 年考上武汉大学中文系,毕业后,一直在文学界施展才华,担当文学家,尤其是女作家的伯乐。向前在电话中跟我说没有这个必要,她说:"别人并不了解你,也不可能去细读你的文章,请人写序,勉为其难。"她建议我自己写序,还说:"你可以在自序里夸夸自己的文章,要是不好意思,就起个笔名。"一想,老同学说得很是有理,于是就有了这篇自序。笔名就免了吧,文章也没什么值得自夸的,只是可以无愧地告诉读者,这都是发自我内心的真话。

赵宪尧

2014 年 9 月

目　录

第一篇　规划建设

第二篇　道路交通

第三篇　规　划　人　生

第一篇　规划建设

城市化与GDP

城市到底是怎么形成的？总结一下，大概有生产力驱动论、交通驱动论、资源驱动论、政策驱动论四个论点。我们现在都特别津津乐道第四个论点，就是政策驱动论，因为我们都非常羡慕深圳。

1979年，一位老人在中国的南海边画了一个圈，建立了一个经济特区，给了这片贫穷的土地特殊的经济发展政策。于是春天的故事开始了，深圳特区发展成了一个朝气勃勃、非常具有吸引力的城市。其实这个老人还在海南岛西部的洋浦，画了另外一个圈。在那片37平方公里的土地上，这位老人希望再造一个香港。如今，洋浦已经发展成一座人口将近十万人的小城市，在那里，铁丝网的隔离没有起任何作用。在我心目中，洋浦的发展，是一个可喜的、可持续的发展。那个曾经一片荒芜、只长仙人掌的地方，现在是一个绿树成荫的现代化城市。但是政策驱动发展动因，并不是城市可持续发展最重要或者最根本的因素。城市可持续发展真正的动因是经济的发展，就是当生产力和生产关系发展了，农牧业战线上，即第一生产方式领域中，有了富余劳动力的出现，需要转移成为第二、第三产业的劳动力，于是就出现了农村人口向城市人口的转移，这才是城市可持续发展的根本所在。

人们认为城市化进程是人类社会进步的一个重要指标。一个地区、一个国家的社会和经济的发展有一个标志性指标，叫作城市化率，或者称之为城市化水平，我们现在叫城镇化水平。不管城镇化、城市化，在学术上是一个名词。之所以提出"城镇化"这个名词，可能是我国高层领导对上一轮城市化运动中专门注重国内生产总值（GDP）的发展，追求聚集发展提出的一个思考。那么，城市化率是什么意思呢？或者城市化水平是什么意思呢？就是一个地区、一个国家的城市人口占总人口的比例，而这个比例是与生产力发展水平相适应的，也就是和它的人均GDP相适应的，或者说，应该是和它的人均国民生产总值（GNP）相关联的。

根据相关数据,我们国家目前的城市化率是 53.37%,但是有的专家说是百分之四十几,有的专家说是百分之六十几,我个人对这些指标都提出了质疑。举个例子,目前武汉市统计的城市化率是 84%,与瑞典 2005 年的城市化率相同。那么现在武汉市社会和经济的发展水平、人民的生活环境,能跟 2005 年的瑞典相比吗? 2005 年,我就在瑞典,我觉得那是相差甚远。武汉市 84% 的城市化率跟美国是差不多的,如此看来,仅仅用 GDP 与城市化率来衡量,能体现这个地区的进步和发展吗? 我再举一个例子,东莞市的长安镇,不到 70 平方公里的土地上,现在居住了 70 万人,而其原住民只有 3 万~4 万人。那么这个城市的城市化率是多少呢? 100% 或 200%? 这个没有办法衡量。因此,我给中国上一轮城市化进程起了一个名字,叫作"非典型城市化运动"。

注:本文《城市与 GDP》以及后面的《大城九困》《大城诤言》《我们的目的一定要达到》都节选自笔者在武汉市"名家论坛"所作讲座《大城之困——可持续发展城市化道路思考》录音记录稿。

大城九困

在我国上一轮城市化进程中,大城市发展出现了哪些问题呢?或曰出现了哪些困局呢?我以为,出现了九大问题,或曰九大困局。

第一困是工作之困。目前,我国人口结构中,老年人很少,少年也很少,中间这个阶段的人很多,而中间这块恰巧是 20 岁以上、60 岁以下的人群,比例有 50%～55%。如果按照这个比例来衡量,我国现在有 13.4 亿人口,就有 6.5 亿～7 亿劳动力,正在创造财富。这 6.5 亿～7 亿劳动力之中,就有 3.5 亿～4 亿劳动力在农村。按照目前我国社会发展的生产力和生产方式的水平,我国的土地和农牧林业,能容纳多少劳动力呢?最多 1 亿,也许 5000 万足够了。这样说来,我国农村需要转移出来的劳动力至少有 2.5 亿。这 2.5 亿农村劳动力要到什么地方去呢?要到我国的大、中、小城市里去。那就是说,我们需要为他们提供 2.5 亿～3 亿个工作岗位,这正是城市的困难其中一个方面。我国的城市没有这么多的工作岗位,而且这里所说的工作岗位不是让他们挑着个扁担打零工,这不是真正的工作。真正的工作是有保障的、收入合理的、具有 8 小时工作制的、有尊严的劳动。按照这个标准衡量,我们要提供这么多岗位,难道不是我们的大城之困吗?不要忘了,这 2.5 亿～3 亿将要进城的农民工,还要带进来 1∶0.8～1∶1.2 的被抚养人口,因此我们城市里将要容纳 5 亿～6 亿这样的人口。

第二困是居住之困。我们国家现在户居的人口水平是 3.1～3.3人,武汉市户居的人口水平是 3.1 人。按照这个衡量,武汉市中心城区 800 多平方公里的土地上有 500 多万人,大概有 170 多万户,那全国也就是 3 亿户。我们城市里所谓的亲嘴楼、握手楼、城中村,遍地都是。我们农村里有很多破旧的房子,但是农村里也有很多两层楼、三层楼的房子,只有两个老人居住。所以我们的居住之困,是双向之困。武汉市户居的人口水平是 3.1 人,平均户室面积是 100 平方米,平均每个人拥有住宅面积 34 平方米,这在全世界都是先进水平,美国也不过如此。

表面上看我国很缺乏住宅,实际上我国的住宅很多很多。目前全国空置房至少在1亿户以上,而且是已经出售的空置房,没有出售和正在建的空置房大概也不会少于1亿户。因此,我国可能多了1亿甚至2亿多户房子,但是这些多出来的房子并没有提供给每一个需要的人居住,大家可以统计一下自己和周围朋友所拥有的房子,这个统计数据,不管你们信不信,反正我是信了。

第三困是资源之困。我们国家目前有100来个资源枯竭型城市,我们湖北省上榜的就有黄石市和大冶市。黄石市和大冶市曾为湖北省乃至为中国的经济建设作出了巨大的贡献,但也付出了巨大的代价,以致如今成了资源枯竭型城市。我国每千人所拥有的国土面积是7.1平方公里,这个数字在世界国家排名中正好处于中间位置。所以我想,我们中国人不能够妄自骄傲,也不能妄自菲薄,不能说起我们的困难时,就说我们人口太多,说起我们的骄傲时,就说我们地大物博、人口众多,这实际上都不对。我国每千人所拥有的国土面积,当然比俄罗斯、美国、法国差远了,譬如俄罗斯是每千人122平方公里,美国是每千人31平方公里,法国是每千人9.6平方公里,而中国是每千人7.1平方公里。比上,我们不足,就感到我们多困难啊,但这个困难不能作为我国城市和乡村没有可持续发展的理由。再看看比我们差的还有谁?有德国、日本、印度、新加坡,德国是每千人4.5平方公里,日本是每千人3.1平方公里,印度是每千人2.7平方公里,新加坡是每千人0.14平方公里。德国、日本的土地资源远远比我们贫乏,我们不能说德国、日本的经济比我们落后,我们不能说德国、日本的环境比我们差吧?到过德国、日本的人都知道,这两个国家的人均国民经济水平和环境质量,比我们好得多,而且交通状况也比我们好得多。我们武汉市是多少呢?武汉市是每千人0.85平方公里。一个城市建设用地的基本生活容量是多少呢?一平方公里一万人。这是一个什么概念呢?就是一万人要居住在一平方公里的建设用地上面。但是合理的环境容量应该是多少呢?应该是基本生活容量的5~10倍。也就是说,我国规定一万人要有将近一平方公里的建设用地,但要想有一个比较和谐和可持续发展的环境,土地面积要扩大5~10倍才好。3000万人口,大致需要3000平方公里的建设用地,需要15000~30000平方公里的环境用地。武汉市的土地面积有多少呢？只有 8500 平方公里,因此,武汉市只适宜 850 万～1700 万人在此工作和生活。

第四困是环境之困。谈起环境,我们现在都知道空气污染,知道空气污染指标 PM2.5。空气的污染弥漫在天空,所有人无处躲藏,所有人感同身受。但是还有水体的污染和土壤的污染,大家感受到没有呢？可能这两个污染的严重程度并不亚于空气的污染。前年我们几个初中的同学,在中山公园茶室里聚会,回忆起我们小时候在东湖过夏令营的美好日子:帐篷搭在东湖边的草地上,夜里闻着从东湖里面飘过来水的清香,白天下水游泳,用女同学的手帕网来小鱼小虾,放在嘴里就可以吃,吃得那么香甜。如今再到东湖去,看到那污浊的、散发着腥味的湖水,还想下去游泳、还能下去捞鱼虾吗？就算能捞到鱼虾,敢放在嘴里吃吗？这些被污染的环境,看起来确实是触目惊心的。

第五困是文保之困。文保之困就是历史文化保护之困。城市的建筑,是城市文化的积淀,是城市的骄傲,是城市的记忆,是城市历史的见证。早在半个世纪以前,武汉市就以"东方芝加哥"著称于世。而如今,那些历史文化遗产,保留下来的还有多少？我是《海口市历史文化名城保护规划》项目主持人之一,我知道历史文化名城保护应该包括很多内容,如文物古迹的保护、历史建筑的保护、代表性建筑的保护、古树名木的保护、纪念胜地的保护、历史遗迹的保护、自然遗迹的保护,等等。我可以说是老武汉人了,1949 年,8 岁的我跟随家人从河南来到了武汉。在作这个报告的前十天,我去汉口寻访我的回忆、我的乡愁。据说习近平主席到湖北,曾给湖北的规划建设提出了一个要求——留住乡愁。曾经的武汉中苏友好宫(后改名武汉展览馆),是武汉历史的记忆,是武汉的骄傲,是我国四大中苏友好宫之一,其他三座分别位于北京、上海和广州的友好宫至今保存完好,但是武汉的友好宫被炸掉了。当时武汉市的市长赵宝江是学建筑的,他是建筑规划界唯一获得科技一等奖的吴良镛先生的学生,他懂得建筑,懂得历史保护,但为什么要炸这个友好宫呢？可能不能怪他一个人,市长也抵挡不住商业经济大潮的冲击。友好宫旁边是友好商场,这么一个现代化的友好商场,为什么要把它改头换面,弄得面目全非呢？还有民生路,如果它被保护下来,维护好了,它就如同现在美国旧金山的某一条街道,就如同现在欧洲的某一条街道,但是如今,它却荡然无存了。

第六困是传承之困。武汉市的领导在建设这个城市的时候,喊出的口号就是要增加 GDP,要建大武汉、复兴大武汉,要建实业的大武汉、交通的大武汉、科技的大武汉、改革开放的大武汉,就是没有提出要建设一个美丽的大武汉、幸福生活的大武汉。但是大家想一想,我们所有城市和农村建设的目的是为了什么?就是为了八个字——美丽家园、幸福生活。如果 GDP 的增长破坏了我们的美丽家园,不能给我们的人民带来幸福生活,那 GDP 的增长有何用?2014 年 2 月,东莞发生了一件非常令人痛心的事情,我看到了那件事情以后,心里非常难受。20 世纪 50 年代,我看过一篇短篇小说,叫《小巷深处》,作者陆文夫。这篇小说里面的三个人物形象至今在我脑海里面不能消散,一个是旧社会的妓女,一个是她的夜校老师,一个是旧社会逼迫她去当妓女的人。这篇小说描写了夜校老师如何帮助这位姑娘上学,如何教她识字,如何教她拥有工作能力,如何教她进入正常社会,最后这个夜校老师甚至爱上了这位姑娘。2005 年,在我退休以前,我告诉我的领导,我想最后一次带我的学生外出实习。我确实留恋这七尺讲台,我对我的学生充满着感情,我希望在退休以前,最后陪伴他们去一趟南方。于是,我们去了深圳,还去了东莞的长安镇。当我的学生在那里进行调研的时候,我走家串户,走进了工厂。我本来是一个有传统思想的老人,对未婚同居充满着反感,因为这违背了传统道德,违背了我们的文化传承。但是我深入调查以后发现,这些年轻的工人们不远千里,来到这么一个没有亲朋好友的地方,每天工作十几个小时,他们多么需要精神安慰和身体安慰,叫人怎么忍心指责他们。这就是我对那些被手铐铐着的年轻女同胞们,感到痛心的原因所在。当然,同居者跟这些所谓的小姐不是同一种情况。但是想想小说《小巷深处》里面的人们是如何对待她们的,想想现实中我们是如何对待她们的,请思量思量,"美丽家园、幸福生活"何时才能实现?

第七困是安全之困。我这里列了四大安全之困——自然灾害、社会动荡、恐怖袭击和战争破坏。这都是我们在建设城市的时候所必须要考虑到的。大地震对日本最大的破坏在哪里呢?就是在大城市里面。社会动荡发生在什么地方呢?也是在大城市里面。无论是泰国红衫军游行示威,还是乌克兰政局动荡,不都是发生在曼谷、基辅这样的大城市吗?不要忘记,我们也有过这样的事件之痛啊!北京、昆明都是人口大量聚集的特大城市,容易产生安全隐患。2013年,我去北京,到天安门广场竟然要通过像上飞机一样的安全检查,我很吃惊。当然这也是必要的。至于战争破坏,第二次世界大战时两颗原子弹在什么地方爆炸的?在城市的上空。当然未来的战争也许"文明"一点,炸弹会被投向军事设施和军队,但是不要忘了,城市始终是敌对国家互相威慑的最重要的地方。

第八困是母体之困。城市的母体是什么?是农村。城市人的母亲是谁?是农民。现在的农村,既有光鲜美丽的一面,也有令人心碎的一面。我曾经到过甘肃省平凉市,平凉市市委书记跟我说的话,使我内心久久不能平静。她说:"赵老师,我们平凉市有250万人,常年有50万人外出打工,每年寄回来50亿,我想把这50亿放在平凉市的GDP里面,算成250亿,争取做到每人一万。"她问我这样算对不对。我说:"也对,也不对。这50亿,不是平凉市的GDP,是平凉市的GNP。这50亿,是打工者们在外面,也许是为广州、东莞,甚至是为我们武汉,创造了500亿,才给平凉市寄回来50亿。他们为其他城市创造GDP,仅仅给平凉市一点GNP。"她下面的话更让我感到心疼。她说:"我们这50万人外出打工的时候,留在家乡的是他们的父母和孩子,甚至有的夫妻还不在一处打工。"我当时心里很难受,我们的农民为城市的发展付出了多么大的代价!人生最大的幸福是什么呢?不是当官,也不是发财,而是能过平常的生活,和自己的父母在一起,和自己的孩子在一起,夫妻双双在一起,白天同飞,夜晚同眠。他们用这样的代价在建设着我们的城市,对他们来说,这就是城市母体之困。

第九困是道路交通之困。城市的人们饱受交通拥堵、停车困难、交通污染、交通隐患的困扰,那我作为城市交通专家和交通规划技术权威,就来说说什么是交通吧。所谓交通,就是人和物在两点之间有目的的移动过程。实现两点间人和物有目的的移动过程,依靠什么手段呢?可以依靠船舶、火车、飞机、汽车、管道这五种方式。我就拿汽车交通方式举个例子。汽车交通之困在哪里呢?首先大家都深切感受到的是交通拥堵。我记得在2014年的电视问政上,市长说了一句话我很感动。

他说："我一直在质疑，今天的拥堵是为了明天的畅通，这种观点对不对？"我从来没有听到过一个政府官员在大庭广众之下，说出跟所谓的主流意见不一样的说法，但是他的说法是完全正确的。不要以为城市发展必然要出现交通拥堵，怎么会必然拥堵呢？世界上有那么多可持续发展的城市，但那些城市的人们却从来不知道交通拥堵是什么滋味，当然他们也从来不知道交通污染和环境污染是什么滋味。我曾在美国佛罗里达州考察了很多地方，这是我很深切的一个感受。我们的交通拥堵，严重到什么程度呢？大家都很清楚。我说几个数字，汽车设计的安全行驶速度是每小时 100 公里以内，我国道路设计的安全行驶速度是每小时50～80公里，我国城市交通管理允许的行驶速度是每小时 40～60 公里，实际上我们开车行驶的速度是每小时 30～40 公里，在高峰时段开车行驶的速度可能只有每小时 10～20 公里，交通拥堵的程度，可见一斑。另一个问题是停车困难，我为什么要讲停车困难呢？在 2013 年的电视问政上，大家说我是最犀利的专家，其实我不是最犀利的，我只是说了真话。我说："我要是交管局长，我绝不承诺，因为我不可能做到。"武汉市现在有 130 多万辆汽车，却只有 30 多万个标准停车位，那么还有 100 多万辆汽车停在什么地方？我们的公交枢纽站在什么地方？我们的社会停车场在什么地方？我们专用的停车场在什么地方？我说："这些问题的答案，规划局长是知道的，建委主任也是知道的，但是市长知道吗？"只有市长知道了，并且下定了决心，才能解决问题。城市的交通问题市长不清楚，只有交管局长了解，能够解决问题吗？那次电视问政之后，我正好要到美国去，可以在佛罗里达州做两个月的考察。我告诉交管局的朋友们："那里有很多我的学生，我这次在美国一定拍一些违章停车和怎么处理的照片，给你们看。"可我在美国两个月，跑遍了佛罗里达州，没有拍到一张违章停车的照片。没有一处违章停车，听起来不可想象吧。因此，我想给市政府建议，停车问题要是再不抓紧解决，将来就会积重难返，实际上现在就是积重难返。但是，我认为只要引起重视，从重视之日起三五年内是可以解决停车问题的。

《大城之困》讲座答记者问

1. 问:我们国家和美国不一样,他们做得到一车一位,我们做不到。武汉市高楼太多、建筑太密,车位缺这么多,我认为做不到"一车一位"。您的意见如何?

答:你说的不错,武汉中心城区车位缺口太大,实现"一车一位"难度很大,不易做到。但是,实现"一车一位",是解决武汉停车困难最基本、最有效的措施,不管难度有多大,都必须做到,而且,也是一定能做到的,只是时间的早晚问题。我想说的是,对于这种早做晚做都必须要做的事,早做比晚做好,越晚做困难越大、损失越大。"一车一位"是世界上所有城市都要做到的,在武汉市还没有出现停车问题时,其他城市就在着手解决这个问题了。武汉市现在执行"一车一位",是"亡羊补牢,为时不晚"。做到这一点也不难,一是减少停车需求,二是增加停车供应。减少停车需求的措施很多,比如公交优先,让大家买车而不用车。再比如把配建停车场做好、做足,把专用、转换、公共停车场建足。规定市民每买一辆车,首先找到一个车位,车位同时登记在册。大家一起动脑筋,想办法挖潜,交管部门严格管理,政府大力支持,就能做到。

关于按"一车一位"原则登记车辆的尝试,北京多年前就实行过,但是没有坚持下来,这非常可惜。我同北京公安交管局老领导段里仁先生谈到这事时,他也很惋惜。20世纪60年代初,段先生从武汉大学物理系毕业,他是我国交通科学最早的专家型官员之一。他认为,北京当时的失败完全在于管理不严、作风不正。如今,只要坚持习近平主席提倡的雷厉风行的工作作风,"打铁还要自身硬",没有做不到的。我一直认为,别的国家能做到的事,我们国家也能做到,所谓"彼人也,予人也。彼能是,而我乃不能是",别人能做到的事,我们为什么做不到?非不能也,乃不为也!

2. 问:武汉的车太多了,我们建议要限购,政府说还不能限。您怎么看?

答:限制购车并非是一项好举措,在心理上,大家会觉得不公平。我希望市民能自由选择适合于自己的交通方式。我一贯认为,限、摇、拍都不是好办法,有的地方、有的时期不得不采用,那是无奈之举。对于已经有车的人们,他们可能支持这种做法,但是对于打算买车的人们,他们大概是不会支持的,至于根本就不打算买车的人们,意见也是有分歧的。正打算买车的人们会问:"你们先富起来的人买车,为什么可以自由、自主选择,为什么我后富起来,要买车了,就限啊、摇啊、拍啊,增加我的购车成本? 这公平吗?"交通科学管理的任务就是要保障人们自由、自主地选择适合于自己的交通方式,并将它们和谐地组织在一个统一的交通系统之中。可以说,目前我们城市出现停车难、行车堵的问题,主要是由于我们政府在建设和管理上的失误造成的,我们的失误,不能让老百姓独自承担代价。承认这是无奈之举、无理之举,那我们在不得不执行时就会满怀歉意、感到愧疚,而不是自以为是、理直气壮。这有利于加强管理者的责任感与探求科学措施的动力,也有助于获得老百姓的谅解。同时,我们还要勇于承认这是无能之举。大家想想,限,有什么科技含量啊? 一堵就限,看似取得了立竿见影的效果,实则是饮鸩止渴、恶性循环。政府真正应该采取的措施是科学诱导,例如大力发展公共交通,诱导人们采用公交出行方式,提倡有车但少用车。

3. 问:您们专家的建议能起多大作用? 您们在政府决策中能有多大的分量?

答:作用很有限。我这类性质的专家只是参谋而已,"参谋不带长,放屁也不响"。我参加过许多所谓专家咨询会、评审会,你老提不同意见,人家何必非要请你去参加呢? 与领导意见一致的专家有的是。我认为我的知识和科学建议是无价之宝,意思是:如果它们被采纳,价值千万亿万;如果它们不能被采纳,那就一钱不值,都是无价的。

4. 问:您对武汉解决这些大城市的困局有没有信心?

答:我当然有信心。社会进步是不可阻挡的、是必然的。市民、专家、政府越早认识,并且越早行动,困局就会越早解决,解决得也就越好。

5. 问:武汉交通拥堵很严重,您对武汉治堵有什么建议?

答:解决交通拥堵问题的思路可以很多,但根本办法是科学的规划。和许多城市一样,武汉交通拥堵的原因主要在于城市聚集建设过大,例如建设的容积率过高、人口密度过大、车均道路面积过小,还有城市道路施工,都会引起交通拥堵。这些问题都可以通过合理的城市规划解决。如减少出行需求量,大力发展公共交通,鼓励大家多选择公共交通方式;合理规划工作地点与居住地点,将居民的出行距离缩短、出行次数减少;提倡、引导出远门坐公交,上学、上班骑自行车,买菜步行,交通拥堵就会小很多。但是,目前城市里有许多流动人口,他们的工作单位不固定,工作单位和家的距离非常远,上班靠自行车是不行的。所以减少出行量的前提是要把大家的活动半径缩小,这就需要城市合理地进行规划和布局,当然,也需要全社会一起努力。

我提倡三个"50%以上",特别强调"以上"两个字,希望这个比例越大越好。人的出行是为了生活和工作,每人每天平均出行 2.5 次左右,希望人们 50%以上的出行选择自行车和步行;希望选择机动化出行时,50%以上能够选择公交出行;希望选择公共交通出行时,50%以上能够选择轨道交通出行。很显然,这就要求城市公共交通发达,大力建设地铁,更要布局合理。这里涉及的依旧是科学规划问题。

减少拥堵的最佳办法是减少出行率、缩短出行距离。目前我国的许多城市采取了不可持续的发展模式,我称其为"非典型城市化进程",这种模式很不利于减少拥堵这个目标的实现。典型城市化发展是"渐进、有序、可持续"的发展。从非典型到典型的回归,虽然需要时间和周期,但我们现在必须回归。

6. 问:您对武汉实现可持续发展城市模式有什么建议?

答:我建议学习、采取新加坡城市化发展模式,改变盲目、片面追求大,追求 GDP,以及固守城乡户籍旧秩序的思维模式。新加坡走的是环境友好型、资源节约型、城乡一体型的可持续发展城市化道路。我建议,从现在起,考核领导的标准就应该加入对环境保护的考核指标,对人居环境的考核指标,对人民生活幸福指数的考核指标。

大城诤言

建设大城市可能会出现九个问题,即"大城九困",那么这九个问题产生的原因是什么,或者说困之源头是什么呢?

我在这里引用黎巴嫩诗人纪伯伦的一句话:"我们已经走得太远,以至于忘记了为什么出发。"我们扩建城市,增加 GDP,已经走得很快、很远,但是很多人忘记了出发点是什么。我认为,应该是为了八个字——美丽家园、幸福生活。如果把美丽家园、幸福生活看得比扩建城市和增加 GDP 更为重要,那么,上一轮城市化运动就不会发生"大城九困"了。

究其原因,可以从决策、规划、建设、管理、教育这五个方面去探讨。别的原因暂且不提,关于决策方面,其中一个因素就叫作急功近利。武汉市有一个 2049 年的发展规划,据说委托了一家研究院来做。研究院的专家认为武汉市发展的最大人口规模是 1300 万人,这个数字跟武汉市决策者的观点不一样的,决策者认为应该是 1800 万～2000 万人,甚至更多。于是决策者求计于专家,而有些专家,领导头脑一发烧,他们就加火。

北京大学的一位教授说,武汉市要发展到 3500 万人口。这位教授关于 3500 万人口的说法,我没有亲耳听到,但是有位罗先生认为武汉要发展到 3000 万人口,我是亲耳听到的。罗先生有一个观点:"我们武汉要大发展,现在是大机遇。武汉市要敢为人先,要做全国第二,我们要超过北京,仅次于上海,要复兴大武汉。"我问罗先生:"我们武汉真的能超过北京和广州吗?"他说:"那是无疑的。"武汉市现在的 GDP 大概是 9000 亿人民币,这 9000 亿人民币,折合成美元约为 1500 亿,北京市现在有 2100 万人口,它的 GDP 是 3100 亿美元。是的,武汉人跟北京人创造的财富是一样的,GDP 都是每人大约 1.5 万美元,我国现在的人均 GDP 大概是 6000 美元。按照这种观点,武汉要赶上北京很简单,只要把武汉市的人口由现在的 800 万发展到 2000 万人,武汉的经济就可以赶上北京的经济,发展到 3000 万人,就可以超过北京的经济,就是中国第二了,我想这个观点领导一定很喜欢。

我参加过我国很多城市的规划评审,湖北的十堰市、孝感市的规划都是要把自己的城区人口翻一番,十堰市规划的城市人口规模要达到 200 万,孝感市规划的城市人口规模也是 200 多万。在武汉北边,河南省驻马店市,规划的城市人口规模上千万之多。连平凉市这样一个人口只有三四十万的小城市,也要发展到 100 万。各个城市人口都要翻一番,人从哪里来? 在我国,就算实行双独生两孩政策,靠人口自然增长,也是不够的。

我记得李瑞环先生在听取海南省规划汇报的时候说过一句话,他说:"你们别老把自己的城市这么扩展,你们把整个海南省当成一个城市来规划嘛。"那么现在,我们把整个湖北省当成一个城市来规划,武汉市的 3000 万人口从哪里来? 湖北省一共有 6000 万人,有 18 万平方公里的土地,而武汉市只有 8 千多平方公里的土地,占湖北省总的土地面积的 5% 还不到,竟然要容纳湖北省 50% 的人口,武汉市的市民们会同意吗? 当武汉市发展到 1200 万人口的时候,武汉市市民生活的空间就已经很小了。武汉市人均建设用地面积是 84 平方米,海口市人均建设用地面积是 100 平方米,三亚市人均建设用地面积是 120 平方米,美国佛罗里达州盖恩斯维尔市人均建设用地面积是 1000 平方米。不要忘记一点,城市人均建设用地面积,是城市环境和居民幸福生活最基本的保证。一个明智的城市领导所要为市民争取的,就是一个市民能保有多一些的土地。

我们的目的一定要达到

　　美国的标准校车,是一种橘黄色的汽车。早上,孩子们在固定地点等待校车来将他们接到学校;晚上,孩子们再乘坐校车回到固定地点。这种校车在停下来的时候,前面会伸出来一个臂膀,上面的红绿灯闪亮,则它后面所有的车子都要停下来,而对面的车辆,只要路中间没有3米的分隔带,也都要停下来,这种校车就是这样牛。当孩子们都安全上车或下车后,校车才把臂膀收起来,把停止标志收回来,等它开动了,后面和对面的车才能够开动。在美国,早晨和晚间,校车到处都是,再偏僻的地方都有校车。那里每个校区的学校,一定要保证将每一个孩子用自己的校车接到学校,再用自己的校车送回到家长的面前。这样的情况,我国什么时候才能做到? 我们治理停车困难需要三年到五年,我说了,我们的市长认为我说得对,他去做,三年到五年是能基本解决停车困难问题的。对于雾霾,据说北京市市长下了决心,立了军令状,我想,他那个军令状也就是将 PM2.5 值降低到 75,他要是做到将 PM2.5值降到 15,别说他一任市长,就是三任市长,能做到也算不错了。所以,这确实是非常遥远的事情,但再遥远,我们总是要做到的。

　　2011 年 5 月,我从美国回来的时候,写过一首仿乐府诗,来表达我的心情。

仿乐府

北美半月行,蓝天伴白云。

反思高增长,代价忧心焚。

空气土地水,何处不蹂躏。

堵江挖山紧,资源痛耗损。

农村剩劳力,难融城市群。

居者盼其屋,房价吓煞人。

贫富太悬殊,惊呼道德沦。

楼楼频频撤,历史何处寻?

交通堵难治,汽车进家庭。

差距究其因,执政是为民。

居安当思危,警钟应长鸣。

发展可持续,和谐保安宁。

我们现在都说要实现中国梦,我听过的最激动人心的一次演说,是马丁·路德·金的《我有一个梦》,当他用排比句法讲到"我有一个梦"的时候,是多么激动人心。要知道,他的梦实现起来,要比我们实现当前的梦困难得多。为了他的梦,1968年,他被狭隘的民族主义者枪杀了。但是美国人民确实打倒了我当年认为的美帝国主义。20世纪50年代的时候,美国的黑人还不能跟白人坐同一辆公共汽车,而如今,黑人当上了总统。当总统的这个黑人,在总统就职演说上说出了一句话:"是的,我们能够做到!"那么我们能不能实现自己的目标呢?我们也能够做到,但是我们用不着美国总统对我们号召,想想毛主席对我们的号召,他说:"我们的目的一定要达到,我们的目的一定能够达到。"

武汉城市建设上的那些往事

在莫斯科，我去了莫斯科展览馆，与其说是去看展览，不如说是去看展览馆。这是 20 世纪 50 年代，苏联为了展示社会主义建设成就而建造的标志性建筑物，在我们中国也有类似的四组建筑：北京、上海、广州的展览馆作为城市的近代优秀历史建筑都还矗立在那里，但武汉的展览馆已经在 1995 年被炸毁了。我国的这四座展览馆当时都称为"中苏友好展览馆"，都是为了展示苏联和我国社会主义建设成就而建造的，由于都含有苏联援建的成分，所以它们的建筑风格也都带有那个年代苏联建筑风格的印记。看看莫斯科展览馆的照片，就能找到我国这四座建筑的影子，多么珍贵的我国城市历史记忆啊！在武汉，还有她的另外三座姐妹建筑——友好商场、青少年宫和武汉剧院，如今，只有武汉剧院风采依旧，其他三处历史建筑全都灰飞烟灭了！

武汉展览馆被炸毁是在赵宝江担任武汉市市长期间发生的。赵宝江，清华大学建筑系高材生，也算是我国建筑界泰斗、历史建筑保护权威吴良镛的弟子，他怎么糊涂到要炸毁这座优秀历史文化建筑呢？在一次武汉市建委召开的专家春节座谈会上，我问坐在我旁边的当时的知情人士，他说："你错怪了赵宝江，要炸展览馆的是当时省里的某位领导。"如此说来，赵市长是不敢违上，而违心地作出了炸掉展览馆的决定！有一次我的大学同班同学童惟一请几位大学校友小聚，因为他时任武汉市建委副主任，所以我想从他那里问出展览馆被炸的根由。童惟一指着对坐的一位校友说："你问他，他是当时政府的总工程师。"那位校友告诉我："市长要炸楼，我在认定展览馆是'危房'的检测报告上签了字，展览馆便以危房的名义被炸毁了！"我问："你不能不签这个名？"他笑容："我不签，撤下我，换个总工程师签名，还是要炸！"我明白了，下级官员就得为上级官员的决定寻找理由、承担责任，真是够委屈的！

但是蒋益生就不干！蒋益生，新中国首任高教部部长蒋南翔的亲侄子,为人极倔强、正直。上大学时,我俩同班同寝室四年,在大学期间,他学习特棒,大学毕业后一直在武汉市工作,2001 年从武汉市建设局总工程师的职位上退休。在任建设局总工程师前,他曾担任武汉市质监站站长兼总工程师,是一名处级干部。质监站是个权不大、责不轻的政府部门,负责武汉市所有重要建筑物的质量监测与验收,没有质监局的签字盖章,重要建筑物是不能交付使用的。1995 年 6 月,武汉长江二桥建成,建设部派员检查,只等质监站总工程师签字盖章验收,敲锣打鼓庆祝通车,颁发奖状。但当时蒋益生硬是拒不签字,原因是桥面铺装质量不合格。原来在桥面混凝土铺装工程施工才几天,还没到技术养护期时,有省领导要去机场迎接上级领导,执意要从还不能通行的长江二桥通过——向中央领导展示武汉的成绩。中央和省领导的车队,一去一来,就压坏了全桥的桥面混凝土,为了应付验收,施工单位便草草地进行了表面抹平,再收了一次浆。蒋益生判断:桥面表面光光,掩盖致命的内伤,所以拒不签字盖章,坚持返工。省、部领导就地等待报喜,武汉市好不尴尬!主管市长殷增涛亲自做蒋益生的工作:"上级领导都在,只等你签字验收,你先签了名,领导走了咱们再补救,好吗?"好一位正直的蒋益生,他说:"将您的这些话都写上,我签字如何?"市长无语,字,自然是不签的。当然,一个人的正直,阻挡不住二桥的通车,只是,结果是无疑的,二桥通车没几天,全桥桥面损坏,封桥返工,武汉市民很是惊讶了一番:"这二桥怎就这样水货啊!"只是谁知其中真情? 后来,蒋益生调任市建设局总工程师,是否与他的倔强正直有关,我不得而知。但他在建设局总工程师的位置上不改其倔强、正直的高贵品格,却是人人皆知的。他不愿违心地为领导拟稿、受责,以不上班相对;他拒不接收在局领导班子会议上发放的不明不白的红包,以"上厕所"为由早退。当然,善有善报,后来,当局长、副局长相继进入牢房之际,正直的蒋益生幸福地退休了。作为局领导,他一尘不染。我敬佩我的同学蒋益生,他为官高贵,只因他的正直。

我只是说了想说的真话

2012年12月的一天，武汉电视总台王静女士高兴地打电话给我，说头天晚上现场直播的《电视问政第三场——让交通更畅通》效果很好，台领导满意，她还接到不少朋友发给她的恭贺信息，也特别提到我的现场点评得到好评，网友称赞我是"有良知的专家"，并要我自己下午五点看看节目重播，上网看看网友评议。

我看了重播，很不好意思，现场点评怕超过一分钟的时间要求，有点慌张，漏句掉词。尤其在第二段点评中，我竟将本想说的"扩大供给，满足需求"说成了"扩大需求"，真不像话，我只好在这里检讨、道歉了。

现场的真诚掌声，网友的赞许关切，只是因为我没说套话、假话、废话，而是说了真话。我不喜欢套话，也特别讨厌假话，所以，节目一开始，那位领导的"显著的改善、明显的好转"和那位区长每次回答都是"我说两点"，真的是很不受用。

我下载了一篇网文《电视问政上，回顾一下赵宪尧教授的话》附在后面，针对它的头两条网评，我回答一下，也算作一个补充发言。网文记录得很真实，我说的语法病句、表达不完整就不管了，但有三处实质上的问题，我还是在括号里加以修补了。

关于第一条网评"敢于讲真话的人！这是三场问政里，掌声最热烈、最真实的一次，因为直接将问题抛给了市长"我想说，我只是说了我想说的真话。我觉得，电视问政不是一档娱乐节目，不能只追求戏剧性效果，不应走过场，不能强求区长、局长们毫不迟疑的承诺，再在电视上千篇一律地宣布"经过努力，问题显著地得到改善"，还得说"还有不少问题"，也还得表态"将进一步加强"；主持人和嘉宾质问几句、肯定几点、鼓励几许；被问政者，急出一身汗；观众和嘉宾，给点掌声。其实，就事论事的处理，只是暂时的，只是为了面子好看。真正应该做的是举一反三，认真思考，找到根源，制定科学措施。就如当天的乱停车问题、"黑车"问题、电动车问题，岂是交通局长、交管局长和区长们能承诺解决的问题？没有规划局、建委、城管局、工商局，甚至质监局的切实努力，能解决问题吗？没有主管市长的协调，能解决问题吗？套句时髦的话，这对在台上的局长和区长们来说，可是"不可承受之重"啊！

关于第二条网评，跟帖的不少。我记得，武汉市申报交通管理一等水平大约是十多年前的事了。那一年，武汉市申报了一等，敢于申报，就说明有底气。我是作为省专家组成员参与了明察暗访、综合评议的。审查的结果是虽然还有不足，但基本是合格的，省专家组同意推荐上报公安、建设两部，两部专家组也通过了，两部也批下来了。我以为，现在的武汉市是断不敢再去申报一等了。就说停车问题吧，三个指标，明显的差距太大。"百辆汽车停车位数"，当年武汉市的机动车好像只有六七十万辆，摩托车还占了大半，三四十万辆汽车，在道路施画一二十万个车位数，达到50%的指标，是不难的。但现在，武汉市的汽车拥有量已经达到了一百三四十万辆，再怎么施画，也达不到指标。何况，真正需要的停车位数比例不应是50%，而应是120%。停车位严重不足，那么"规范化停车率""公共交通车辆占道停车率"就不可能达到指标。

目前，武汉市的汽车拥有量以每年10%的速度在增长，武汉市的停车问题，只能是越来越严重，而不可能是一年比一年显著改善。社会停车位严重缺乏，配建停车位严重不足，专用停车场随意占用，连大量的公交始末站都没有停车位，更不谈开发商削减停车位，改用停车场经营赚钱的商业现象，比比皆是。这些情况，交管局长、规划局长、建委主任、城管局长是很清楚的，这些情况，也应该让市民了解。市民有知情权，知情才能参与，知情才能监督。所以我想将真实的情况告诉大家，不希望大家盲目乐观，轻信官员的承诺，参与一场嘉年华秀。

附：电视问政上，回顾一下赵宪尧教授的话

刚才主持人让我举牌的时候，我心里很清楚：就这个交通战线上的人的努力，说实在的，我是举的笑脸，那是对他们的辛苦和努力的肯定，我也是一个交通人，我能理解他们；但是就对武汉的交通状况来说，说实在的，我想举哭脸。

电视一开始，巡视员说的"明显改善""明显好转"，说实在的，我是不认可的。

我想问一下我们的新市长知不知道：武汉市的交通曾经在全国是先进水平，是一等管理水平，但是如果用当年一等管理水平所达到的指标来衡量如今的状况，我觉得很多指标都严重下降了，就像李局长刚才讲的停车问题一样，这个停车问题交警的管理确实取得了很多的成果，他们确实付出了很多努力。

但是话又说回来,我心中是有数的:交警再努力,停车问题也是解决不了的,因为武汉的停车问题太严重了。

刚才李局长讲了一个数字,我还要再补充一下:这个形势会越来越严重。我估计武汉市的车辆到2020年恐怕将达到200万辆。如果达到200万辆的话,武汉市的停车位需要翻一番。武汉市的停车位在什么地方呢?我问规划局,我问建委,我们需要的二三十万个(停车位的)公用停车场、社会停车场,在什么地方呢?我们的公交公司需要公交始末站的停车场,在什么地方呢?我们中心城区的中心转换停车场,在什么地方呢?我们住宅小区严重空缺的停车场怎么弥补呢?这些问题的解决措施,不是李局长一句承诺能够达到的。

说实在的,如果我是李局长,我绝不敢承诺,也绝不会承诺,因为如果规划局、建设局不建足够的停车场,市长不给予重视,那么这个问题只会是越来越严重。严重的程度,我从李局长的话里听得出来,他是非常清楚的。而且我认为,建委的领导是清楚的,恐怕规划局的领导也是清楚的,我不知道市长是不是清楚。只有市长心里清楚,市长下定决心,采取切实有效的措施,才能解决武汉市的停车难问题。

大城市交通拥堵思考：规划是龙头，所以规划是祸首

我常说，我国大城市交通拥堵的主要责任不在管理，而在规划，巧妇难为无米之炊，交管局是代为受过。对这话，规划界的朋友很有意见，但我还是要坚持。有一次，在武汉市交通基础设施建设研讨会上，我在"交通规划技术及其思考"的讲座中变换了一个说法，不知能否取得这些朋友的认可。"规划是龙头"，大家是认可的，既然是"龙头"，城市发展所取得的成绩，首功应当归规划，自然，城市发展中出现的问题和过失，首过，也应归规划。说得尖锐点，那就是"规划是龙头，所以规划是祸首"。我以为，这是公正的。但这并不是说城市中出现了交通问题，就是某规划师、某规划院、某规划局的过失——他们谁都无力在市场经济的滚滚洪流中站稳脚跟！但是，对在这场滚滚洪流中我国城市超常规发展的经验教训和功过得失，我们这一代当事者有责任，也有义务去讨论、总结。

近二十年来，从城市规划的理念、成果，到管理，我们一直在迫不得已地做"加法"——城市规模不断扩大，城市人口不断增加，城市发展速度不断加快，城市建设用地容积率不断加大，城市建筑密度和建筑高度不断加大，城市居民出行次数不断加大，连居民平均出行距离也在不断加大！这种无节制的"加法规划"给城市带来的岂止是交通拥堵代价，环境代价、资源代价以及社会代价都是巨大的。"加法规划"唯一的成果是利用集聚效应，带来了"灰色 GDP"的增长。难道经济发展真的离不开"加法规划"吗？《中华人民共和国城市规划法》曾明确规定："国家实行严格控制大城市规模、合理发展中等城市和小城市的方针，促进生产力和人口的合理分布。"我们在规划理念、规划设计、规划管理中贯彻了这种"控制规划"的方针吗？

无节制的城市"加法规划"必然带来大城市的交通拥堵。解决我国大城市交通拥堵必须控制大城市规模，规划领域必须从"加法规划"中

解放出来,当务之急是重视、研究、执行"减法规划":将大城市规模控制起来,将大城市人口密度减下来,将大城市超常规发展速度减下来,将城市建设用地的建筑密度和容积率减下来,将城市居民出行次数和出行距离减下来!

从交通拥堵问题谈城市发展规划与实践

"交通拥堵"问题，无疑是社会热点问题，至于城市规划与交通规划的协调问题，更是业内技术界讨论的热点话题。大家仁者见仁、智者见智，各有各的说法，也都各有各的道理。

我以为，我们不能笼统地谈论"拥堵"，也不能谈堵色变。对于交通拥堵，我们有必要进行分类和分级。就拥堵范围来说，交通拥堵可以分为面拥堵、线拥堵与点拥堵三类。全城大面积交通拥堵，或一个区域交通拥堵，属于面拥堵，像深圳罗湖区、北京二环内的交通拥堵都属于面拥堵。这是相当严重的交通拥堵，它的形成是多因素的、综合的，也并非是一朝一夕的。因而，其整治也必定要综合进行，重症猛药。仅一两条路的交通拥堵，属于线拥堵，治理起来相对简单，它可能是规划留下的痼疾，也可能是临时集中开发建设所致，如武汉的长江大道。治理线拥堵，一般采取工程和管理双管齐下的措施就可能奏效，关键是要下定决心，目标明确，措施得力。在最近的长江大道工可专家评审会上，我坚持纪要写上"要为实现全线连续交通创造条件，要为实现公交专用道创造条件，要为杜绝路面停车创造条件"的设计目标，坚持实行"全线支路限左，主路立交，慢行交通立体过街，立体人行通道，道路、地铁、建筑一体化设计"的工程和管理措施，这些是治理线拥堵的有效措施。点拥堵，只是形成在某个单独的交叉口处，大多是由于设计缺陷造成的。点拥堵治理不难，关键是要科学预测和设计。只要合理地确定了交叉口的设计流量流向，正确分析了该交叉口在整个路网中的地位，就能合理地确定其等级和类别，就能科学地选择其型式，就能设计出实用、经济、美观的交叉口，杜绝拥堵。对于交叉口的设计，可以参考《武汉市平面交叉口规划、设计、管理技术规定》和《武汉市立体交叉口规划、设计、管理技术规定》。我并不是老王卖瓜、自卖自夸，这两个地方技术规定，比较完整地、科学地概括了交叉口规划、设计、管理的技术问题。我个人尤为推荐带平面交叉口的立体交叉型式和环形交叉口系列,它们在城市交叉口治堵中具有广泛的适用性。

世上许多事物都要分等级才可清楚、明确,拥堵也不例外。路段拥堵分级,可以采用车速和延误这两个指标来衡量;路口拥堵分级,一般用延误来衡量。例如,一条路的设计车速是 50 km/h,则可以以 20%、30%、40%、50%、60%的行程车速作为分界,规定:行程车速在 10 km/h 以下时,为特别严重级(特级)拥堵;行程车速在 10~15 km/h 时,为严重(一级)拥堵;行程车速在 15~20 km/h 时,为一般(二级)拥堵;行程车速在 20~25 km/h 时,为轻微(三级)拥堵;行程车速在 25~30 km/h 时,为拥挤(四级)拥堵;当行程车速大于 30 km/h 时,便可不认为是拥堵了。如果区分了拥堵的等级,就不会谈堵色变,在制定治堵时序和投入时,就会心中有数,决策有据。

至于说到城市交通拥堵的原因,答案形形色色,各有各的道理。我只想说说规划的原因,或说责任。

说到交通拥堵,我常为交警抱屈,因为市长遇堵找交警,市民遇堵怨交警,其实,交警往往是巧妇难为无米之炊,代人受过。2011 年,武汉市市委书记阮成发召开了一次大型"治堵专项会议",会上各区、局纷纷献策后,阮书记让我们几位所谓的专家谈谈。难得市长、区长、局长们都在,我一口气讲了九点,首先讲到的问题是"规划为主"。为此,市里规划方面的朋友很是有点想法,有点得罪了。但我并不改初衷,还写了一篇"规划是龙头,所以是祸首"的交通博客,来为我的观点辩护。说实在的,我在规划设计单位工作多年,还当过几年规划设计研究院院长,深知规划的重要,也深知其中的为难与委屈,正因为如此,我才认定,城市建设中的功过之首,非规划莫属。城市规模是规划定的,布局是规划定的,路网是规划定的,开发强度是规划定的,甚至路口的规模也是规划定的,那么,交通出现了问题,规划不承担主要责任,谁去承担呢?我在常州讲课时,讲到这个问题,一位规划局的朋友说了一句话,令我印象相当深刻。他说:"赵教授,您见过舞龙灯吧,我们是龙头,但这龙头,是舞龙灯者手中的龙头,怎么舞,并不取决于我们。"我懂得,他说的舞龙灯者,自然是市长、书记。但说是市长、书记,也并不确切。就说近几年武汉市的拥堵吧,怪罪现任市长似乎有点冤枉,他在任上的堵,可以说是他的前任在任期间所造成的,但也并不能责怪他的前任。那么,我们就不要去责备谁吧。我想,我们倒是需要在城市化发展战略上去找找根源。

其实,中华人民共和国《城市规划法》,就已经指出了什么是可持续发展城市化道路。《城市规划法》明确指出:要限制大城市发展,大力促进中小城市的发展,促进国家人口和产业的合理布局。但是,政府领导几乎没有人懂得、重视、贯彻国家的《城市规划法》,他们大都想的是聚集城市创造的 GDP,是城市的扩大再扩大,二环不满足扩到三环,三环不满足扩到四环、五环、六环,热衷于打造五百万人口级或千万人口级的地区性、全国性、国际性的中心大都市! 这种狂热地追求中心大都市和数字 GDP 的战略,才是造成如今城市问题严重,包括交通问题严重的根源所在。

我在十堰市,看到为南水北调加高的堤坝和浩浩荡荡的丹江库水时想:"南水北调"何其荒唐! 北京、天津,连水都不够用了,为什么还要拼命地扩张呢? "门槛理论"是城市可持续发展的共识理论,国家为什么不能将资金、人力分流到中西部呢? 为什么要违背自然,与天斗、与地斗,翻山越岭,南水北调呢? 我只想用狂妄自大的地方主义和利己主义来解释。

就说十堰市自身,得益于国家产业、人口的合理布局,由几个小山村,发展成一座现代化的工业大城市,不是已经很好了吗? 这座城市也在防堵治堵,但这里其实谈不上交通拥堵。按照上面提到的拥堵分类和分级方法,十堰市属于只有线拥堵的城市,而且只有市中心一条人民路存在轻微(三级)拥堵,按我们提出的方案实施,毫无疑问,将长治久安,永离拥堵。但是,领导们有另一套思路。我看过中国城市规划设计研究院为十堰市做的总体规划,他们认真、科学地分析了十堰市城市化进程的特点和规律,制定出远期 80 万人口的城市规模,只是为了迁就政府领导的要求,写上了"按 100 万人口控制规模"。然而,湖北省省政府新上任的领导过来视察,提出了他的宏图大志——十堰市人口规模要按 250 万人口规划! 我只想说这是胡言乱语。十堰市 2 万多平方公里土地上居住着 350 余万人口,到城市化成熟之日,按城市化率 80% 预测,也就只有城市人口 280 余万,十堰市市区就要占 250 万,那丹江口市、房县县城、竹山县城、郧西县城、郧县县城、竹溪县城呢？那几十个乡镇城区呢？哪个县城不得有二三十万人口，哪个镇城区不得有成千上万人口？难道十堰市还想从襄樊、武汉、广州、深圳、上海、北京吸引人过来，提高自己的机械增长吗？想想就知道，十堰市的人口不被那些城市吸引过去，人口不成负增长就谢天谢地了。这不是痴心妄想是什么？话又说回来，十堰市市区人口达到 250 万，城市交通不出现面拥堵，严重拥堵，那才奇怪呢？所以我说，城市交通拥堵的根本原因在于，领导们迷信聚集造就的 GDP，曲解"发展是硬道理"，无视可持续发展原则，好大喜功，盲目扩张城区，城区超强度开发。别的，都是次要的原因。

每次说起某些领导心胸狭隘、地方主义、盲目狂妄，狂热扩展自己管辖的一亩三分地，我都不由得想起李瑞环，这位有着哲学思想、人文情怀、远大目光、广阔胸怀的中央首长。他在海南省听了各市县超常规发展的大规划后，说了一句话："你们试试将海南岛当作一个城市去规划如何？"何其痛快，何其一针见血！

没有名牌的名牌大学

在国内，看惯了林林总总的大学的名牌，乍到英国牛津和剑桥这两座小城市，我四处寻找世界名牌大学——牛津大学和剑桥大学的名牌，竟不可得。在这两座人口规模不过十来万的小城市穿行，冷不丁，在哪条大街或小巷，就会看到一组古色古香的建筑，那可能就是这两所世界名牌大学的某个学院。但是要想找到牛津大学或剑桥大学的名牌，那就难啦，也许，根本就没有，名牌大学没有名牌！但就是在那里——看似平静的古老建筑里，思想和科学创新的激流在奔腾，多少社会科学、自然科学的火花照亮着人类前进的崎岖山路，百余名诺贝尔奖得主像灯塔在巅峰闪烁光芒。

一座城市一所大学，理工农医、文史哲经、政社神艺行行齐备；无围墙隔离，无校警守门，仍是一片净土；学术独立、百花齐放，科技创新、百家争鸣，诺贝尔奖熠熠生辉。恍惚中我好像领会到了李岚清大合校的苦衷。

20 世纪末，李岚清，作为当时的党和国家领导人，主管高等教育，突发宏愿奇想——建设世界一流大学。随之，合校之风骤起，我工作的武汉城市建设学院和原华中理工大学、同济医科大学、科技部管理学院，四合一成立了华中科技大学。按照李岚清的愿望，最好合进了医大、艺大的清华与北大再合并成一个北京大学，合并后的华科大与武大再合并成一个武汉大学，南开与天大再合并成一个天津大学……于是乎，一城一大学，强强联合，世界一流大学就横空出世了。校园大了，师生多了，院士多了，经费多了，论文多了，国内学校排名上去了，敢于喊出"创建世界一流大学"的校长也多了，只是几个饺子合成一个大包子，仍旧是面包菜而已。

合校之后，大师还没出现，倒是走了几位学术奠基人，其中最值得纪念的是 2008 年去世的裘法祖院士和 2011 年去世的张培刚教授。前者留学德国，被称为"中国外科之父"；后者留学美国，被誉为"发展经济学创始人"。前者享年九十四岁,后者享年九十八岁,谢世时,各路媒体着实轰轰烈烈地哀悼、纪念了一番,学校更是隆重纪念。他们两位的学生,学生的学生,学生的学生的学生都有很多成为教授了,年轻学子们更是仰慕。可谁想过,他们在学术创新上留下了多少遗憾?

肖传国,大概属于裘法祖的关门弟子,许多人寄希望于他能继承他的老师,登上院士之位,谁能料到,他竟雇凶伤人,陷牢狱之灾;张培刚的大师地位,竟是在他退休之后,才不期而来,而使他登上世界"发展经济学创始人"座椅的成果,竟是他六十多年前,在美国哈佛大学获得威尔士奖的博士论文——《农业与工业化》。在张培刚教授获奖三十二年后,美国的刘易斯教授竟以研究"发展经济学"荣获诺贝尔经济学奖。其实,大师之材,就在我们身边,只是,我们并不认识,任由他们一一逝去。

有一次,我所在的力学与土木工程学院举行春节前的团拜会餐,我与退休的理论力学教授唐家尧同桌,说起我们的科技创新,很是感慨:怎么在三大力学领域,我们连一个公式都不能创建呢?我几近一生,在设计院与大学中,从事结构、道路、桥梁、交通工程的教学和研究,在哪里见过我们创建的理论和公式呢?是的,我们也有过骄傲,1400多年前建造的敞肩石拱赵州桥,优美动人的玉带桥、十七孔桥,闻名于世界桥梁界。但代表现代桥梁高科技水平的桁架桥、刚架桥、吊桥、斜拉桥,哪种又是我们创造的呢?惭愧之余,我也想过:为什么我们的创新能力这样差?如果说在社会科学领域我们有诸多禁区,思想不够解放,但是在自然科学领域,我们并没有禁区,尽可以天马行空去创造、去创新、去发明、去突破啊!也许,思想的解放是相关的!

我曾问过研究马列主义的教授:"你们的科研突破不难啊,进行科学研究,不是就能取得世界水平的突破吗?"他们笑答:"那是禁区。"马列主义有马克思的《资本论》《共产党宣言》,毛泽东思想有毛泽东的《矛盾论》《实践论》《论联合政府》,邓小平理论是什么理论呢?邓小平理论教研室的教授也没对我说明白。我敬仰邓小平同志,我知道他是伟大的革命家、改革家,但我不知道他写过什么具体的理论著作或文章,能称得上邓小平理论的。至于写进党章的"三个代表",我也请教过权威的文学家,他们甚至从文法和逻辑上也还是同我一样,没有弄懂。我总想,这些难道都是禁区,不能研究、不能突破吗?思想上有禁区的人,难以有所创新;不敢挑战大师的人,难以成为大师。大师的出现,需要思想的解放,需要向权威挑战的环境。有可能获得诺贝尔经济学奖的大师级教授张培刚,六十余年再没有发表超出他的《农业与工业化》论文水平的著作。他倒是留下一副对联让我们深思:"认真,但不能太认真,应适时而止;看透,岂可完全看透,要有所作为。"是什么让张教授得出这样的处世哲学?不能太认真、不完全看透,能有所作为吗?大师能出现吗?诺贝尔奖能摘取吗?

耳顺之年,少了许多羁绊,见多了,识也便广了。早已过了不惑之年,也知道了一些天命——规律。随着改革开放,思想解放不少,邓小平同志的"再放胆一些,思想再解放一些,步子再大一些"的讲话虽不是什么高深的理论,但确实鼓舞人心。这十余年来,我在道路交通科学技术上相继提出"连续交通技术""道路交叉口以及快速路等级、类别和型式理念""交通逆向预测与控制规划理论"也许算不得大的突破,但总是在创新的道路上前进。过了从心所欲之年,虽值得高兴,但总归"只是近黄昏",衰退是必然的。好在我知道,和我一起走过这段创新之路的我亲爱的学生,学生的学生,学生的学生的学生们,创新精力旺盛,学术水平不俗,只盼他们解放思想、挑战权威,自然,更要挑战我、突破我、超过我。这是必须的,也是必然的。思想解放、突破禁区、挑战权威,形成万马奔腾之势,大师就会涌现,诺贝尔奖必能摘取。

一所大学被折腾得形神俱失

1953年，那是一段激情燃烧的岁月，一个欣欣向荣的年代。在北京海淀九间房村，一所大学拔地而起，当年建校时，该大学名叫北京石油学院。来自石油管理局、清华大学、大连工学院、北京经济学院、北京大学的教职员和学生，共同开创了我国石油高等教育事业。回首算来，60多年的功夫，培养出多少优秀人才：两位党和国家领导人，十余位两院院士和省部级领导，百余位大型企业和市级领导，成千上万石油化工战线上的技术骨干。玉门油田、大庆油田、胜利油田、江汉油田、大港油田、中石化、中石油、中海油……遍布神州大地的炼油、石化企业，哪里没有北京石油学院和华东石油学院的学生在辛勤耕耘。

然而，1969年，这所大学迎来了第一次折腾。当时，石油部的领导和住校军代表因为毛泽东主席说过的"农业大学办在城里不是见鬼吗？"而提出"石油大学办在城里不是见鬼吗？"于是，一列火车将整个北京石油学院，连人带实验设备、图书资料、桌椅板凳、床板炉灶、被褥白菜……一股脑儿搬到了山东胜利油田。我和我的爱人，连同怀抱中的儿子，离开了石油大院工字形筒子楼的小家，乘车驶向东营盐碱滩。记得火车到达张店的夜晚，从列车上搬下的设备、图书、桌椅……连同数千师生，挤满了站台与街道。当夜，胜利油田派来的数百辆大型客车、货车，连成长龙，闪着亮灯，浩浩荡荡完成了北京石油学院的大搬迁、大折腾，她脱了一层皮，改名华东石油学院。

胜利油田很是欢迎我们这批从天而降的石油科技精英，为我们准备了数万平方米的土坯平房——干打垒，千余亩的盐碱地，还有一座水库。这些，便是华东石油学院的家底，数千名教职员工就在这里，开始了艰苦卓绝的再创业历程。从规划校园，设计校舍，建造东营市第一栋三层砖混结构的女生宿舍楼、图书馆、大会堂，到研究采用抬高、换土、隔离、压水等技术措施，成片种植乔木、灌木和花卉，我们全是自己动手，亲历亲为。当我们迎来第一批工农兵学员，迎来恢复高考后的第一届大学生时,激动的心情难以言表。不过十年,石油学院脱了一层皮,重获新生,只因她的魂还在。北京石油学院全体教职员工,齐心奋斗在东营胜利油田盐碱滩上,再创奇迹,一所新的石油大学涅槃重生。

20 世纪 80 年代初,华东石油学院遭遇到第二次折腾,首次失血。来自北京的干部和教授们,怀念北京,念念不忘留在石油大院的"华东石油学院北京研究生部",总想扩展她。在经过一番博弈后,各方达成妥协:在北京昌平,划得数百亩土地,再建一所分部,这就是后来的石油大学(北京),她与石油大学(东营)共生共管,开创了一所大学两城办的尴尬局面。有北京户口的北京石油学院的教授们几乎全数去了昌平。好在十余年间,华东石油学院依靠自身的造血功能,挺立起来:教师队伍齐全,科研成果斐然,数十万平方米的现代化校舍整整齐齐,甚至树木也已根深叶茂、郁郁葱葱。2003 年,在北京昌平和山东东营,两个石油大学,同时庆祝了她们的五十周年校庆,校友们问:"我们的根,到底在哪里?"

去英国参观剑桥、牛津大学后回到北京,怀着对石油学院深深的情怀,我同我的妻子、女儿登上了每日往返于北京和东营的学校班车。那天,大雾弥漫,花了 5 个小时,班车才突出北京城区,又用了 4 个小时,才到达魂牵梦萦的位于东营的中国石油大学。看着眼前高楼林立、绿树成荫、主楼雄伟、会堂浑厚、图书馆扩建、院系楼整齐、教工住宅成片、学生宿舍现代化、体育场馆展雄姿、水库已成绿公园……回想起的是:工人老魏师傅一句"你是落水的凤凰不是鸡",让放羊的学部委员(当年的院士称谓)朱亚杰破涕为笑的辛酸;留美教授"文革"期间,无颜去见当年故交,是时正红的杨振宁博士,只因当年,他在美国争取回国时,自称"红脖",而斥杨等反共者为"白脖"的尴尬;图书馆老馆长王裴庆,从清华到西南联大再向清华最后来到石油大学,一路走来,敬业乐观,却为图书馆总支书记一句"是我共产党领导你国民党,还是你国民党领导我共产党?"的抢白,噎得夜难入眠的感叹;老革命武亚柏背负右派二十几年,伏案学预算,抽钢筋,平反复职不久即在北京辞世的惋惜……然而,这所有的现实与记忆都已远去,这里已人去楼空,石油大学再次遭遇大折腾——全员搬去了黄岛,只留下退休人员驻守。看着黑灯瞎火的图书馆大楼和空空如也的座座实验大厦,当年一列火车装载着石油学院飞驰南下的一幕,再次闪现在我的眼前:人去了,百万册图书和林林总总的实验室仪器设备也尾随而去了吗?元老级的朱亚杰教授、杨光华教授、蔡强康教授、王裴庆馆长、吴亚柏、刘勋等,都已在北京辞世;我所熟悉的杨延晰教授、黄醒汉教授、曹重远教授,领导我植树种花的康斌院长,领导我建房的段景泰副院长、陈树基副院长等,都已退休,散住在北京石油大院、亚运村、石板房或东营市;那些年富力强的石油大学的新秀们,则分别在"离城"昌平和黄岛,在那不过数百亩地的弹丸校园里安营扎寨,继续奋斗。北京石油学院真的是形神俱散了。

昔日,石油学院,因"石油"二字,不被京城见容,离开首都;今日,石油大学,因"大学"二字,不顾油田挽留,抛弃东营。对比我离开不久的牛津、剑桥两所大学和牛津、剑桥两座小城,彼此不离不弃数百年,铸就了两所大学和两座城市的双双辉煌,我只祝愿在"离城"昌平和黄岛的两所石油大学再不折腾,好自为之,图谋发展,再聚形神。

注:我的家庭与石油学院结伴二十年,尤其在东营十年,是我终生难忘的一段时光。钮薇娜大姐的博客,娓娓道来,记叙了我们难忘的五年共事,我将它附在后面,以作留念。

文成斋主:同温旧梦

赵宪尧老弟打来电话,说他夫妇和女儿从东营回来了,住在我们隔壁的石油大学招待所,今晚准备和我们聚一聚。10月初,他们从武汉来北京办赴英旅游签证,曾来北京我家。我们出去吃饭,路过石油大学(华东)办事处,得知那儿有一个招待所,还有班车每日从那里往返山东东营,便兴奋地计划从英国回来后住在那里,并去东营旧地重游。他们离开东营也有28年了。

1972年,搬到山东东营的北京石油学院在"大学还是要办的"最高指示下,开始招收工农兵学员,原有的干打垒平房不适应办学要求,需要建一些教学建筑。他们想起在家属队劳动又不止一次要求到基建组哪怕是义务劳动也要去贡献专长的我。下一年我被招进基建组,做的第一个工程是热工化工实验工厂,第二个是浴室,第三个是女生宿舍楼,但是不幸的我刚刚上班就患了急性肝炎。留下三个工程的草图就住进了医院。这时,校医室张大夫的丈夫,年轻的山东省规划院技术员赵宪尧调来了。我养病一年半后,便开始了和小赵长达5年的、愉快难忘的合作。

小赵(如今是老赵了)在学校学的专业叫"城市建设",培养目标是为城市主管建设的市长当秘书。有关城市规划、建筑设计、结构设计的课程无不涉猎。小赵聪明勤奋,便什么都拿得起来。如今有我这虽已荒疏已久但总算是建筑学专业出身的在,他就主打结构设计计算,还是能给我出出主意,跟领导打打交道(他是正式职工),甚至画个透视图也比我熟练。

我有两年多时间处在因肝炎迁延不愈的半休状态。家属队付我每月32元工资,半休就是16元。小赵说吃药都不够,还是那时便宜的药费。

但是我们却一起完成了两个较大的工程:一个是双曲拱大跨度的多功能1000人大饭厅,另一个是校图书馆。前者主要是小赵的创意,我配合。图书馆应该算是一个比较像样的工程了。我们到北京市设计院找有关资料,买了一些大样图籍,到建筑书店买了《建筑设计资料图集》(石油学院没有任何设计方面的资料),并在北京、上海参观了一些大学的图书馆。我们俩和本院图书馆老馆长王斐庆这三驾马车就把这一工程的设计完成了。

我还记得那张首层平面图真是密密麻麻,我趴在大图板前不知耗去了多少个半天(半休啊)!缺少钢材,小赵想出6层的书库采用钢筋混凝土承重柱子作为书架隔柱的办法。我在平面布局中没有把楼梯放在大厅中间而是里面,因而大厅的上面几层都得到了很好的利用。我们设计的大礼堂、图书馆,还有兼作会堂的大饭厅,后来经过地面的改造专门用作礼堂。后来的领导看到偌大的厅堂里没有一根柱子,不大放心,特意找了专门机构来做测定,结果是结构先进合理。从这项设计说明,小赵是一位优秀的结构工程师。水暖等工程设计和测量是请了系里的老师来帮忙的。我们还有一位专做预算的老钟。后来我俩又合作设计了附中教学楼、学生宿舍、印刷厂车间等工程。所有这些工程在1978年前后就都完工了。小赵还做着施工的指导。施工由当时的北镇(现在叫滨州)地区建筑公司完成。

我在学生宿舍的平面布局上也动了些脑筋。男生宿舍在校区的东部,我把主要入口安排在房屋的西头;两个卫生间都不面对宿舍,免得厕所对面的房间无法开门。在做附中校舍时,还和小赵一起去了一趟济南,教育局的人告诉我们,学生素质还不适合楼内厕所,等等。

小赵在我离开东营大约4年以后调回他的母校——武汉城建学院,所做的专业叫城市交通工程。他两次出差到北京都来看我。为了这个新专业的建立,他曾经在北京的十字路口数汽车。我们也曾到北京石油学院看望老馆长王斐庆和其他同事。他说我还曾介绍他与我的同学周干峙(两院院士、建设部副部长,当时可能是部规划院长)见面,可我记不起来了。我也曾借赴武汉开会之机去城建学院看望了他。到20世纪80年代末,我就去了美国。

1997年,我从美国给他去了一封信。他的回信很长,热情洋溢,是从深圳寄来的。原来他早已是系总支书记兼交通工程研究所所长。在改革开放的大潮中,他带领一批教师到海南筹建设计院,全名就叫武汉城建学院海南规划设计研究分院,开创了一片新天地。他自称"万金油教授",在海口成了万能院长,什么工程都接。业绩也相当不错,在海南省有很大声誉。

二十多年来,小赵在事业上闯出了一片天,桃李亦已遍天下。在中国各大中城市无不为堵车伤神的今天,我特别推崇他的专业,希望我们的规划专家们在城市规划中把交通规划考虑清楚。我向喜好看地图的孩子推荐小赵的专业,我为赵教授给县市领导开讲座讲交通规划叫好。

小赵有一子一女,当年我离开东营时他们还都是小学生,如今他们均已年逾不惑,而且都学了建筑。更加有趣的是,小赵的儿媳及女婿也都是建筑师,他们家简直是建筑之家。今番他们夫妇从英国旅游回来,女儿正好从深圳来北京出差,乃陪父母一起回东营旧地重游。

我们一起回忆三十多年前的东营岁月。已是国家一级注册建筑师的小赵的女儿小星星夸我们那时做的工程,说今天看来也还是不错的,说得我更加心花怒放。是啊,三十多年了,放在北京不也是些老旧的房子了?

我们在一起回忆在那阴云密布的反潮流、批林批孔岁月里,我们是在如何"反潮流",在那样的条件下,短短的四、五年工夫,完成了那么多工程;想念着已经离我们而去的老馆长、武亚伯、范存诚、刘勋、张存型等和那批朝夕相处的工人师傅们。

如今已有许多"老"字称号的赵老弟,例如老教授、老专家、爷爷、姥爷……在我眼里,却永远是那个朝气蓬勃、热情奔放的小赵。这个"老"字,如何说得出口?

2011 年 11 月 15 日于文成杰座寓所

环境污染的代价:蓝天白云的忧思

　　数十年来,我亲身经历并参与了我国城市化的"起步—快速发展—倒退—快速发展—超常规快速发展"的全进程。在我国经济发展速度开始调整的关键时刻,总结上一阶段的经验和教训,尤其是教训,我想是必须的。上一阶段超常规快速发展的城市化运动,成绩是巨大的,代价同样也是巨大的。

　　我总结的七项代价中,我想,环境代价最难以补偿,我国大量城市中难得一见的蓝天白云就是证明。正因为如此,2011年我北美之行里的蓝天白云极大地触动了我。半月之中,大多是晴朗的蓝天,遇到两天阴雨,雨过天晴,那天蓝得更是照人心田,朵朵白云绵绵地飘浮在蓝蓝的天空,我已很久没有如痴如醉地注视过那样的蓝天白云了。

　　依稀记得,年少时,在武汉的乡间,享受过这样的美景;依稀记得,在海南、云贵高原、藏南,看到过这样的蓝天白云。近二十年来,我几乎淡忘了蓝天白云是什么样的景致,天,几乎整日都是灰蒙蒙的。

　　在发展较快的地区,海南的环境,是受污染最轻的。2011年4月29日,去北美之前,我们编制的《海口市公共交通规划》评审,4月28日,我在武汉有个会要参加,会后飞到海口时已是深夜,匆忙和早到的沈教授,王、郭两位博士碰了一下头,便趁月黑夜空蓝,钻进了温泉游泳池,躺在椰树下享受着洁净的空气,回想我刚离开的灰蒙蒙的武汉,心难平静,吟就一首七律:

天人合一共永生
四月二十八日海口天佑大酒店星夜天浴有感

海风拂面椰果新,

夜卧沙洲仰数星。

效鲸翻浪嫌池浅,

慕鸟冲飞任天空。

近察琼岛层层绿,

遥思楚天日日昏。

期盼发展重环保，

天人合一共永生。

这首七律，我用电子邮件发给了在美国加利福尼亚州交通部工作的易汉文教授。他问我："怎么不写点这次赴美的见闻与感受？"不知他能否理解，蓝天白云的触动占满了我的脑海，哪容得我再去回想，在圣地亚哥滨海区易教授那两层楼住宅后花园中，韩国烧烤的情谊；哪容得我再去回想，在夏威夷大学余鑫博士的导师帕诺斯教授山巅之居中，美式家宴的欢畅；哪容得我再去回想，尼亚加拉大瀑布的震撼；哪容得我再去回想，金门大桥的宏伟；哪容得我再去回想，大地的洁净，交叉口的自适应。那半个月的蓝天白云，搅得我思绪万千。

同去的一位老干部，早年毕业于北京航空学院（现北京航空航天大学），一直在北京高层航空部门工作。我们谈起了奥运期间，北京为争取一片蓝天白云，做出了多少停工停产、搬迁限行、错时放假等极端举措，只为达到人家要求的蓝天白云环境。只是，奥运过后，北京的天，依然灰蒙蒙，谁又想到，我们本应一生有权享受这蓝天白云的洁净。

我同在美国留学多年的徐博士谈起这蓝天白云，他说，那样的蓝、那样的白，在国内，他只在西藏看到过。那半个月来，我拍到的蓝天白云，估计相当多的朋友是终生难以见到的，这很令人感伤和气愤。但更为感伤的是，也许有的朋友竟不知道，天，本应是那样的蓝；云，本应是那样的白。更为令人愤恨的是，有些看过这样蓝的天、白的云的人却对我们说："别人没有这样蓝的天，没有这样白的云，我们过去也没有这样蓝的天，没有这样白的云，天，永远不变，就是这样灰蒙蒙。"

关于"蓝天白云的忧思"，其实我想说的只有五句话：①美国城市的环境和空气质量实在好；②相比之下，我国当前大多数城市（甚至有的农村）的环境和空气质量实在太差；③我国城市的环境和空气质量曾经也是很好的，但被我们违背可持续发展原则的城市化破坏了；④我国城市的环境和空气质量必须总有一天要像美国的一样好；⑤盼望全国人民，尤其是各位党政官员都能认同以上四句话，并为了实现第四句话的目标而努力奋斗。

"江山大讲堂"畅谈城市和交通

2000年,几大高校合校为华中科技大学后不久,在原华中理工大学老校长杨叔子院士的极力倡导下,学校要求理工科的本科生必须选修几门文科课程,而文科的本科生必须选修几门理工科课程,相应地,则动员教师开设公共选修课。我想,对于文科的同学,显然不能讲技术性强的交通规划、道路设计之类的课程,那对他们来说太难以理解了。但我想,讲讲城市与交通的话题,他们也许爱听。他们生活和工作在城市,每天离不开交通,何况他们中的某一位,说不定将来能当上了县长、市长这样的政府官员,那了解一些系统的关于城市和交通方面的知识也是很有作用的。于是,我报上去一门新课程——"现代大城市与现代化交通"。学校教务处当年批准它作为第一批公选课,公布给文科学生选修。这门课一共32学时,2学分,定额100名,很受学生欢迎,期期爆满。后来又有理工科的学生选修,于是这门似工似文的全校公选课一直开到2006年我退休,这期间还应建筑规划学院要求,为城市规划专业的学生讲过一届。我大学时学的专业是城市规划与建设,一生在设计院、大学都是从事城市与道路交通工作,还当过两年城市规划设计研究分院院长,讲起城市与交通,得心应手,理论与实际相结合,就像科普教育一样。但在这五六年的教学中,我也有过很多思考,并和同学们讨论到研究城市问题和交通问题的重要性以及它们相互依存的关系,所以近年来,凡有地方邀请我去做关于交通命题的讲座时,我都忘不了谈谈城市。

2011年3月,我来到浙江省江山市。原本此次江山市之行的目的是很单纯的,只是有几个交通症结想请我参谋参谋,但我仍建议将话题放开,从城市自身和城市化进程说起。他们接受了我的建议,于是就促成了3月16日下午,在江山市国际大酒店国际会议中心举行的"江山大讲堂",我作了一场有关"城市发展与和谐交通——创建江山市现代交通实施策略"的专题讲座。听众为市相关局和市属镇、乡的有关干部,人数有三四百人,效果还是不错的。记者根据录音整理节选的报道《科学规划是创建和谐交通的必需选择》,内容系统而完整,我将它附在我的这篇文章后面,请朋友们浏览。

附:《今日江山》专题报道

科学规划是创建和谐交通的必需选择
——赵宪尧教授演讲精彩实录

版面导语:城市是一个生命体,生命要维持必须依靠血管输送新鲜血液。城市的道路系统是一个城市的骨架,它在很大程度上决定着这个城市的发展是否健康、和谐、可持续。因此,我们在建设城市的时候,对于道路系统和交通系统的建设一定要做到科学合理规划,道路系统一旦建成,想改变是非常困难的。

今天的演讲,我将围绕城市和城市问题;交通问题及其应对策略;它山之石,可以攻玉等三个方面,结合江山市的实情,在创建现代交通实施策略上提出一些应对措施。

一、城市和城市问题

说起城市,就不得不提及城市的定义,那么城市的定义是什么呢? 三千年以前,《周礼·考工记》就有对城市概念的记载:"匠人营国,方九里,旁三门。国中九经九纬,经涂九轨。"翻译过来就是说,匠人营建都城,九里见方,都城的四边都有三个门。城中有九条南北大道、九条东西大道,每条大道可容九辆车并行。

不管是社会学还是文化学,都对城市下过定义。但比较受人们推崇的还是经济学上的解释:城市是第一生产力人员赋予的。因为第一生产力发展了,人口就需要向第二生产力的领域流动和发展。也就是说,当很多的农业人口要向手工业、工业和服务业人口转移时,就产生了城市。就目前而言,对城市的定义最为公认的一种比较规范的解释是:城市是以一定的生产方式和生活方式,在一定的地域内组织起来的居民点,而这个居民点往往是该地区的政治、经济、文化中心。

今天我们剖析这些城市的定义,反思一下就会发现,其实这样的结论并不十分完备。因为很多时候我们都有这样一种情结——我们希望一个国家的首都能够代表这个国家,一个省的省会城市能代表这个省,一个城市的市中心能够代表这个城市的广大领域。我们希望一个城市就是这个地方的政治、经济、文化中心,所以我们把什么东西都往里面塞,把工业塞进去,把文化塞进去,把政府的各个部门塞进去,结果这个城市不堪重负。最后它的环境、交通、用地,都很难满足可持续发展的要求。

我一直说武汉市想要解决交通问题,一个很简单的办法就是把湖北省省委省政府移到宜昌去,把武汉市市委市政府移到孝感去。如果是这样,武汉的交通可能会得到一定的缓解。大家可能觉得这是一个笑话,但是我们可以参考一下美国,美国的政治中心是华盛顿,经济中心是纽约,历史文化中心是费城。因此,对待城市的理解,我倒更趋向于这样一种解释:城市是一个生长着的细胞,是一个生命体,而细胞中间的细胞核,就如同城市的城区,细胞里面的细胞质、细胞液就是城市的集镇和农村的广阔土地、山野、园林以及农田。因此,在建设城市的时候,就要把它当成一个生命体。如果用这样一个理念来对待我们的城市,我们就会尊敬它、敬畏它、热爱它,而不是折腾它、破坏它。

正是因为我们没有尊敬、敬畏、热爱城市,所以现在很多城市都"病"了,都或多或少地产生了一些城市问题。

第一是就业问题。随着农业生产力的提高,农村剩余劳动力逐渐向第二、三产业转移。而城市为了接纳这些剩余劳动力,就必须储备足够的第二和第三产业,于是就建立了开发区和工业区。这当然是城市化进程的必然需要,但付出的代价是给予更多的土地和产业来提供这些工作岗位,而城市的接纳能力总是有限的。我们可以看看南部和东部的一些大城市的发展经历,就会发现这样一个共同的特点:都是憋足了多年没有发展的劲,然后借着国家发展的优惠政策这样一个东风腾飞起来。在此过程中,它们吸引了农村人口,也吸引了城市的剩余劳动力。可是最终,这些人工作、生活在这些城市的最基层,我们的城市并没有为他们准备足够有尊严的生活和工作条件,他们工作无保障,生活艰难,居无定所,少有依靠。

第二是居住问题。中国人的传统思想认为,有了家,才有了根,而房子就是家的载体。所以房子成了很多中国人一辈子的奋斗目标。对于当前国家提出的保障性住房政策,我是一百个拥护。但是这个决策提出来是不是太晚了一些呢?目前房价如此之高涨,那些在城市打工的农民工们,他们买得起房吗?即使有买得起的也是屈指可数,因为他们没有在这些城市中获得有尊严的工作和生活环境,所以他们当中的很多人成了"蚁族"。甚至有些人买得起,他们也不愿意,因为在他们心里,农村才是他们的家,他们更乐意回到自己的家乡,盖个三层的小楼房,一家几代人住在一起,其乐融融。

第三是交通问题。交通问题的产生,一方面是由于我们国家每年以亿为单位的外出务工者,不断地奔波于乡村与城市之间产生的交通国情;另一方面是由于我们原来的道路交通系统规划不尽合理。如果说城市是一个生命体,那么生命要维持必须依靠血管输送新鲜血液。大家都知道,城市的道路系统是城市的骨架,它决定着这个城市的发展是否健康、和谐、可持续。因此,在建设城市的时候,对道路系统的建设一定要进行科学合理的规划,因为道路系统一旦建成了,想改变是非常困难的。

第四是环境问题。城市是人类的高度聚居地。人们在城市里面生产、生活、发展、建设的同时,也给城市带来了空气、水、固体物、噪音、视觉等污染。人们在城市中的无序排放与占有,破坏了城市的生态平衡,让城市环境失去了自净能力。于是,积聚在城市中的污染物,直接或间接地影响着人体的健康,生活在城市里的人们就开始怨声载道。

第五是自然资源枯竭问题。矿藏与土地资源都是不可再生资源,而当前我们很多城市以消耗自然资源为代价的粗放型发展方式给我们带来的损害是触目惊心的。曾经的大冶市是一个美丽的铜的故乡,就是因为无节制地开发铜矿、铁矿、石灰矿,这片土地满目疮痍,现在成了资源枯竭型城市。我想大冶市就是城市发展过程中的一个应该引以为戒的标本。

第六是安全问题。随着城市化进程的推进和经济的快速发展,城市居民对生活质量和生活环境的要求不断提高,加上城市是个"大熔炉",为此安全问题就显得尤其突出,营造安全的城市环境已成为各个城市追求的目标。比如,北京"两会"之前,在天安门广场进行了比上飞机更严格的安检,因为城市在发展的过程中如果忽略了社会安全,后果是不堪设想的。除了面对社会治安等人为因素的影响之外,城市还面临着地震、洪涝、干旱等自然灾害带来的威胁。

二、交通问题及其应对策略

城市在发展的过程中,似乎遇到了通病——交通问题。在我看来,交通问题又可以细分为五个方面。

第一是安全问题。前几年,湖北省发生了一起特殊的交通事故,引起了胡锦涛总书记的重要批示,这让我深刻地认识到,安全是所有交通问题中最应该重视的问题。据了解,江山市目前机动车的拥有量是 5 万辆,根据我们国家目前 10 人的万车死亡率,可以推断出江山去年死于车祸的人数不少于 50 人。根据不完全统计,20 世纪全世界死于交通事故的人数是 2000 万,2000 年以后每年大概以 100 万的人数增长。1990 年我国死于车祸的人数是 2 万多人,2000 年的时候就达到了 10 万人,令人非常震惊。如果以这样的速度发展,我国死于交通事故的人数相当于每天掉下一辆 737 飞机。每年有这么多人死于车轮之下的原因,从车辆拥有量的增长速度上就可以略窥一二。1990 年全国车辆的拥有数不到 1000 万辆,从1990 年开始,车辆就以每五年翻一倍的速度增长,2000 年是 4000 万辆,2005 年达到 8000 万辆,2010 年剧增至 19000 万辆,而如今机动车的拥有量更是达到了数目惊人的 2 亿辆。

尽管我们也采取了很多措施,可万车死亡率还是居高不下。那么在交通安全这样的"马路杀手"面前,我们就束手无策了吗?我想也不尽然。结合江山市的实际,我认为可以从人、车、路、环境这四个方面,进行科学的设计规划与管理,让江山市的交通死亡人数每年以 5%的速度下降,做到每年少死 2~3 人。只要交警加强现代交通意识的教育,车主加强对车辆的检查、使用、保管、保养,用现代的科学理念提高道路平纵横断面、交叉口和红绿灯的设计,出现交通事故后可以及时应对处理,要达到使事故率每年下降5%的目标是完全有可能做到的。

第二是汽车尾气排放造成的环境污染。汽车尾气污染已不是什么新鲜话题,早在20世纪40年代,光化学烟雾事件就在美国洛杉矶、日本东京等城市多次上演,造成不少人员伤亡和经济损失。为此,汽车被形象地称为"流动的污染源",因为它在开动过程中会排放一氧化碳等对环境有害的气体。

其实城市的很多空气污染,在我看来都和汽车有着密切的关联,特别是进入21世纪,汽车数量越来越多、使用范围越来越广,汽车污染也日益成为全球性问题。它对环境的负面效应,尤其是在危害城市环境,引发呼吸系统疾病,造成地表空气臭氧含量过高,加重城市"热岛效应"等方面,引起了人们的高度重视。据有关专家统计,到21世纪初,汽车排放的尾气占了大气污染的30%~60%,并随着机动车的增加有愈演愈烈之势,由局部性转变成连续性和累积性,而城市的居民则成为汽车尾气污染的直接受害者。

虽然城市里的汽车尾气污染日益严重,但也不用悲观。我觉得还是有应对措施的。比如我们可以让车子少开开停停,大力发展公交,把公共交通做得好一些;加强对环境保护重要性的宣传,提高人们的环保意识,让大家少开车上街,认识到拥有车辆和使用车辆不是一回事,并自觉优先使用公共交通;可以对照"创建绿色交通示范城市"的六十六条标准,确定奋斗目标,发展适宜人居的城市交通系统。

第三是拥堵问题。交通拥堵问题是很多城市的通病,对于它的产生,我觉得有三方面的原因:首先是由于城市化进程的步步推进,人们不断往城市聚集,于是城市变大了、变堵了;其次是社会财富的增加,让汽车成了普及品;最后就是很多城市的交通网络设置不合理。

要解决交通拥堵问题,我觉得"限行"是无奈之举、无理之举,也是无能之举,没有多少技术含量。在我看来,真正的办法在于管理和疏导,靠合理的规划和大力建设,提高道路和交通设施的使用率。学习欧美国家的道路设计理论,我们中国也能出现像印度的昌迪加尔和英国的凯恩斯那样大小环形交叉口遍布、连续交通的城市。当然我希望江山市也能采取这样的连续道路交通模式。

第四是停车问题。停车问题在大城市很突出,至于江山市停车的问题,我看了一下,觉得问题也很大。但也不用悲观,从现在开始解决,算是"亡羊补牢,为时未晚"。要解决停车问题,我的建议是:首先要做到心中有数,要对停车需求做一个合理的预测,用科学合理的指标和实现规划目标的时间表把它体现出来;其次要"盘盘家底",看看城市的公共停车场、专用停车场、配建停车场到底做得怎么样,我们应该给配建停车场制定怎样的指标,不够的话应该采取什么措施。比如,可不可以利用现在的绿地和广场做地下停车场;在适当的地方发展停车产业,做立体停车场;挖掘潜力让各家各户为自己的车找一个车位;或者让机动车仅仅在支路上停靠,而不要在干道上停靠。

第五是居民出行方便问题。必须完成并实施城乡公交一体化规划,不但要保证主城区居民公共交通出行,而且乡镇居民、农村居民也应享受到安全、便捷、舒适、廉价的公共交通服务,让改革开放的成果福及全民。

三、它山之石,可以攻玉

它山之石,可以攻玉。多学习别人的先进做法、先进经验,可以让我们少走弯路。对于城市发展,我想也是如此。联系江山市的实际,我觉得有以下四个城市的做法值得我们学习。

第一个是海南省的海口市。现在的很多城市,或许也包括江山市,都像曾经的海口市那样迷茫过。既想定位为政治、经济、文化中心,也要发展现代制造业、电子业、金融业。但是最终的定位是什么呢? 没有重点,也没有中心,发展到最后只不过是人云亦云罢了。之所以说海口市值得学习和借鉴,不仅是因为海口市保护得比较好、发展得比较好,更因为海口市对自己的定位单一。一个"国际旅游岛"的中心城市定位,让海口这座城市的功能变得精准、纯粹、不那么功利,最后发展得这样美丽与优秀。

第二个是法国的巴黎市。如今人们所看到的巴黎,其实就是几百年以前的巴黎。我们在惊叹巴黎是如何把过去与现在融为一体,其外貌、布局、道路为何跟几百年前一模一样的时候,却发现我国很多城市都是钢筋水泥建造的高楼大厦,千市一面。为什么说巴黎值得我们学习? 我给出的答案是"尊重",尊重城市曾经的历史,把城市当作生命一样对待,用保护与开发并举的方式来发展城市、保护城市。

第三个是德国的科隆市。科隆市的人口数和江山市的人口数差不多,科隆市市民对自己的城市是非常爱惜的,他们也很珍视城市的历史。在第二次世界大战的时候,科隆的建筑和桥梁几乎毁坏殆尽,但是重建之后,我们惊奇地发现:科隆的很多老建筑和重创前的一模一样。

第四个是深圳的华侨城。在华侨城这七八平方公里的土地上,居住着近10万人。这里既有高楼大厦,也有两层小楼房;这里既有康佳集团这样的大型工厂,也有欢乐谷这样的娱乐设施,应该说开发的程度还是很高的。但是人们进去之后,却发现仿佛进入了一个大自然的天地:这里有山有水,让人感到人与自然如此和谐;这里的道路不仅窄,而且弯,每条路只有两条车道,每条车道上都有像铺了红地毯一样的自行车道和绿树成荫的人行道。这里的路上行驶的不仅有私家车也有公交车,而且路上没有红绿灯,令人惊奇的是这里竟然绝少发生交通事故。为什么华侨城能够在寸土寸金的深圳创造出这么好的一个环境? 这样的经验是非常值得我们学习的。我们的江山市能不能做到呢？我想即使现在很难做到，这也应该是我们发展的一个方向。（江山市新闻信息中心《今日江山》编辑部　周琳　祝海青）

"江山大讲堂"有关《评讲城市和交通》记录稿的补充

2011 年 3 月 16 日下午,受浙江省江山市市政府邀请,我在江山市国际大酒店国际会议中心举行的"江山大讲堂"第十八期上作了《城市发展与和谐交通——创建江山市现代交通实施策略》的专题报告,历时近三小时,畅谈城市与交通。而后几天,又在义乌市建设规划局和宁波市规划设计研究院就相同话题作了两次讲座,听众不同,又是对着 PPT 演讲,现场发挥,强调重点不一,但总的内容大致相同。《今日江山》做的专题报道,是根据录音归纳整理的,虽短,但我看是完整的,到底是党报的记者,取舍得当。

我在三场讲座中都强调了下面四点:一是要立即编制科学的《交通安全规划》;二是要扩展各项交通专项规划范围到各市(县)域;三是各市(县)要重视,应立即开展"交通建模"工作并持之以恒;四是将交通影响分析评价工作延伸到规划阶段和施工阶段。

交通安全话题谈起来十分沉重。人的生命和健康,是比人权什么的都更重要的理念,已日益为人们所认知,但我国的交通安全形势相当严峻,交通事故死亡人数居高不下,却并不为管理者所正视。交通事故瞒报潜规则风行,上下营造虚假的乐观气氛,不重视科学交通安全规划十分普遍。自从国家几个部委不切实际地对各省市下达交通事故死亡人数指标后,各地瞒报、漏报交通事故的现象就十分严重,国家公布的交通事故死亡人数严重失实,近年来公安部公布的交通事故死亡人数都在 7 万人以下,实际上我估计这个数字可能是 20 万左右,我预测我国目前年万车交通事故死亡数大约为 10 人,这相当于每天从天上掉下一架波音 737 客机。2000 年前后,我国道路交通事故死亡人数开始上升到 10 万时,我在学校开讲的公共选修课"现代大城市和现代化交通"中对同学们说:"我国道路交通事故死亡人数,相当于每天从天上掉下一架波音 737 客机。"同学们很是震惊。14 年过去了,我国道路交通事故死亡人数,真的可能像各位部长们要求的那样下降了吗?这是不可能的。14年前,我国的机动车保有量不过4000万辆左右,到如今,增加到了2亿辆,要想交通死亡人数下降,这不是说梦话吗?上级不实事求是,下级只好隐瞒欺骗。这虚假的和谐,忽悠的是全国人民,对于解决问题却于事无补。交通问题中,还有比实事求是地调查分析交通事故状况,编制科学的交通安全规划,采取切实可行的交通安全措施更为紧迫和重要的吗?我以为没有。

目前,我正在主持编制海口市和黄石市的公共交通规划,我们的要求是跳出"城市交通规划"的旧框框,将规划范围扩展到全市域。其实,不止公交规划范围应扩展到全市域,所有的规划,包括综合交通规划、交通管理规划、交通安全规划,甚至总体规划的规划范围都应扩展到全市域。譬如交通事故,大部分是发生在城乡结合部和乡间,如果规划范围只包括城区,显然是不够的。我一直认为,城市是一个有生命的细胞体,主城区只是细胞核,城市还包括大大小小的如同细胞质的村、镇以及如同细胞液的田野、森林、河湖,因此,规划必应全面覆盖。

2011年2月底,易汉文教授从美国回武汉探亲,我和他得以长谈,很受启发。我当教研室主任时,易汉文是我们交通工程教研室最有才华的年轻教师。20世纪末他去美国进行学术交流,后来一直在美国加利福尼亚州交通部从事交通分析和交通建模工作,对于交通分析、交通预测和交通规划很有经验和造诣。谈到我国目前交通预测和规划现状,他很是忧心:我国绝大多数城市没有自己的科学的交通数理模型,有了的也不重视更新和维护,更谈不上交通与土地利用资料的积累,再加上掌握交通模型和资料的单位和部门互相封锁技术,科技资料得不到共享,交通预测和规划成果得不到公开的监督、检查和修补,致使其漏洞百出,信誉丧失。我们深感,各地必须尽快开展科学交通建模工作。易汉文教授表示,他愿意向我国任何城市提供交通建模技术咨询,这很令人感动。这次在宁波规划院作讲座,我们多次讨论到这个问题,也得知他们即将开展这项工作,我认为全国各大中小城市都应立即将交通建模的工作开展起来。

可喜的是,这些年各地普遍重视并开展起了交通影响分析与评价工作;可忧的是,它们大多流于形式,长此下去,必将葬送了此番事业。

所以我想是到了反思和总结经验的时候了。是不是在分析和评价范围方面应从"建设项目"扩展到"建设用地"、甚至"建设地区"？是不是委托方应由开发商转移到政府？是不是开展阶段应由"设计阶段"向前延伸到"规划阶段"，向后延伸到"施工阶段"？我以为是必须的。

"非典城市"的典型病痛——交通拥堵

　　2010年12月,由北京治堵引起的全国交通治堵大讨论真可谓盛况空前,原因自然是紧跟"首堵"之后,二堵、三堵……N堵不断涌现。各路媒体煞是热闹,湖北人民广播电台也播出了采访我的录音。节目我没赶上听,所以向电台要来了播出内容的记录稿,一看,知道剪去了许多。播出的仍是"限购限行""公交优先""项目交评"等内容,我最想说的"非典型城市化是我国交通拥堵的根源",大概由于节目时间的限制而被剪掉了。非典型城市化进程产生出大量非典型特大城市,这些"非典城市"产生的典型病痛之一就是交通拥堵。交通拥堵表现在城区内的车堵和城区外的人堵,所以我不乐观地认为:交通治堵还有待时日。

　　典型的城市化进程是农村人口向城市人口渐进、稳定与持续地转移,形成大、中、小城市的合理分布与一座座典型城市的合理发展。由于生产方式的改进和生产力的提高,农村产生的富余劳动力必然向第二产业和第三产业转移,进入城市,成为城市新的"基本人口"(即决定城市规模而不被城市规模所决定的人口)。这些城市新的"基本人口"连带他们的"被抚养人口"以及为其生产和生活服务的"服务人口",扩大了城市的人口规模,这座城市的规划与建设就要相应地调整与扩大。"非典城市"并未给予这些新增的城市人口应有的身份、地位、居住、工作、文化及交通设施建设条件,他们居无定所,遑论安居乐业。居住与工作的流动,又使得他们出行次数多、出行距离长且不稳定,城市交通的供给能力便不堪重负。他们是城市人口,但他们的"家"还在农村,他们的收入不够他们在生活和工作的城市购买高价商品房,只得一年数度往返于城乡之间,造就典型的"春运高潮"。

　　所以我认为,交通拥堵的解决,必要待"农民工"和"非典城市"消失,必要待城市中所有的"基本人口""被抚养人口"和"服务人口"安居乐业,才有可能实现。

附:湖北人民广播电台播出的访谈文字记录

解决城市交通拥堵问题路在何方

女:针对城市交通拥堵的问题,各地也是采取了多种多样的治理措施。前不久,国务院就在原则上通过了北京市的治堵方案,这份包含诸如"可能征收拥堵费,以及限制外地人购车甚至可能对车牌进行拍卖"等条款的方案也被媒体称为史上最强硬的治堵方案。

男:那么这份治堵方案到底能够对北京市的交通治理起到什么样的作用? 对于同样饱受拥堵之困的武汉而言,又有哪些地方值得借鉴? 本期时事大家谈,华中科技大学交通科学与工程学院教授赵宪尧、武汉市综合交通规划研究院副院长胡润州做客节目,为您做深入解读。

主持人:这一次公布北京治堵方案,从几个方向来看,主要是集中在限制车辆增长和降低使用强度上,比如说可能会增收拥堵费、要求先买车位后买车、限制外地人购车等,这样做是否就可以理解为"用不起车了,城市就不堵了"? 您怎么看待通过限制车辆购买和使用的方式来治理城市拥堵呢?

赵教授:我觉得,最近北京对待治理交通拥堵的问题上,看样子要下一剂猛药,集中在一个字上就是"限","限购"和"限行"。所谓"限购",采取什么办法呢? 即解决车位的问题、外地人上牌照的问题,甚至于向上海学习牌照拍卖的问题。"限行"主要是单双号,现在不只是单双号,还包括尾号限行,包括拥堵收费。这些措施实际上是"无奈"之举,为什么无奈呢? 目前已经到了不得不用的地步,确实无奈。但是从另外一个意义上说,我觉得这是一个"无理"之举,牌照要拍卖等于给购车者增加了很多经济负担,本来就已经收税了,这是额外的。

主持人:按照上海的经验来看,可能一块牌照又要几万块钱。

赵教授:这不是白白再出几万块钱的事,于法律上也是无理的。"限行"也是,我买了车你不让我走,这也是无理的。

另外,也确实是"无能"之举,这种办法实际上是最简单的办法,看起来也是最有效的办法,而且是科技含量最低的办法,甚至可以说是最极端的办法。但这样做最后是不是能够解决问题呢? 其实这种做法是一把"双刃剑",虽然在一定程度上可以缓解交通拥堵,却也加剧了一些交通资源使用的不公,单双号限行导致现在北京已经有很多人买两辆车。

所以我觉得光这样做不行,一定要探讨另外一些根本解决交通拥堵的措施。

主持人:北京的治堵方案,提出来要大力加强公共交通建设,我个人理解,有序发展公共交通才是真正解决城市拥堵的关键点。毕竟从长远来看,汽车产业是要发展的,民众也有购车和用车的需求,作为政府不可能一直用强硬的手段来限制用车,那么您认为在限制用车和公共交通建设两者之间,谁更能从根本上解决城市拥堵的问题呢?

赵教授:购买机动车不可能受到限制,只能够限制它们的使用,大力发展公共交通是我国对待城市交通一个既定的国策,我国的土地资源情况不允许采取像美国洛杉矶那样的办法,美国小汽车所占用的道路资源是公共汽车的 20 倍,甚至 30 倍,而我国的城市不可能提供这样的道路资源。另外,机动车对城市的污染已经让人们无法忍受,且我国的能源是有限的;再一个就是,交通车祸、社会公正等问题使得我国解决大城市交通不得不走发展公共交通的道路,或者不得不走公交优先的道路,确实这不是谁重要的问题,而是公共交通路线必须得走的道路。而限制小汽车并不是限制小汽车的拥有,而是限制或者引导小汽车的使用,让出行距离短一些、出行次数少一些、出行目的变化一些,才是最重要的。

市长，得与这座城市同生长

　　2010年11月26日，我作为受聘专家委员，赴海南参加海口市城市规划委员会第九次会议，审定几个片区的控制性详细规划。会议照常由市规委会主任主持，主任由市长徐唐先担任。市规委会第一次会议时，徐唐先同志任海口市副市长，后来晋升为常务副市长，担任规委会副主任，再后来他晋升为市长，规委会主任由他担任，他对海口市政情、民情很熟悉，也深得市民和上级领导的信任。会后，徐市长叫我到跟前，将我介绍给新上任的冀副市长，对我说："下次规委会的工作由冀市长抓，请你还要多支持。"当时我头脑还没转过来，吃饭时才知道，这位新来的冀副市长曾经是某位中央领导的秘书，年纪很轻，是派下来当副市长的，看来这位派下来的"空降市长"很有来头、很有水平。第二天我飞回武汉，正值台北市选出了新一任市长郝龙斌，在电视上看到他眼含泪水地向台北市民致谢，我很有一些感触。

　　民选市长与空降市长有什么不同呢？民选市长，必得在这座城市工作、生活多年，与这座城市同生长，是这座城市的常居市民，对这座城市了如指掌、充满热爱，市民了解他并选出他。记得毛主席说过："我们的权力是谁给的？是人民给的。"市民通过选票将市长的权力交给了他，市民随时有效地监督他，他要对市民负责，这是符合我党原则的。空降市长由上级派下，上级有效地考察他，他则主要对派他的上级负责，这是我党在非常时期的组织措施，例如战争中我党夺取了一座城市，就得立即委派一位市长，打倒"四人帮"后，就得派员改组上海市委、市政府，显然，当时都是必要的。

　　如今，我党执政六十多年，可说是江山稳如泰山，民选市长，又有何妨？记得某位中央领导说过："我们永远不搞西方国家的选举。"这话好没水平、好没道理，普选怎么就是西方国家的呢？我们共产党巴黎公社三原则之一就是"巴黎公社委员由普选产生"。如果说台北市长是普选产生的，那就是国民党学习了共产党先进的普选制度。我们共产党人前赴后继、为之奋斗、显示人民当家做主的普选制度,连我们曾经的敌人——国民党也认识到是人民拥护的好制度,我们还不尽快恢复,更待何时?

有的同志担心:"一座城市普选市长,那不乱套了? 共产党员选不上,那怎么办?"说这种话的人,不是幼稚就是别有用心。几十年来,共产党领导中国人民建立了新中国,改革开放指引我们走向了富民强国之路,我们党汇聚了多少优秀人才,海口市岂止有成百上千的优秀共产党员能胜任海口市市长,有人担心政权旁落,这不是杞人忧天吗? 或许,这些人所担心的只是个人的特权与私利可能失去,与我党的宗旨无关。

冀市长完全有可能是一位能力出众的优秀共产党员,他毕业于中国地质大学,国家可以委派他去国土资源部任职副部长甚至部长,他一定得心应手,但是派他担任海口市副市长就有些为难他了,也有些委屈海口市的党员和人民了。你想啊,让他这样一位生长在内蒙古凉城、学习在武汉、工作在北京的年轻党员来到这完全陌生的海口,从头去熟悉这里的山山水水,一一去了解这里的人民,该有多难啊! 当市长,就得与这座城市同生长,不用"空降"。

保护海口关康庙、一庙至六庙啊

　　海口市被列为我国的历史文化名城已经过去七八年了,我有幸参与了《海口市历史文化名城保护规划》的编制工作,深深地体会到海口市历史文物、古建筑的珍贵和保护它们的艰辛。沿海甸溪北岸,自过港村到人民桥,依次有关康庙、一庙、二庙、三庙、四庙、五庙和六庙分布在历史民居中,掩映在百年古树下,见证着海口市城市的发展历史和海口市人民的艰难奋斗历史。我们在规划中发现,如此完整、系统地按建造年代顺序排列、保存下来,反映城市发展和大陆来琼移民历程的历史文化遗产在我国恐怕是独一无二的。我国历史文化名城保护专家王景慧、应金华等在现场考察时,无不为之感动和珍惜。为了在海甸溪北岸的改造建设中保护这些珍贵的文物与建筑,我们在规划中绘制了详细的方案。然而,我们的保护规划在与开发商的拆迁建设是一场紧张的博弈。后来,听说它们大都已在快速的拆建中消失了,这很让我们有些懊丧。有一次去海口参加省建设厅组织的专家评审会,会上还有人提出:"既然它们已经被拆除,就将它们从保护的名录中取消吧。"听罢很是叫人丧气。会后,怀着凭吊的心情去到以为已经拆为砖瓦一片的故地,万没想到,它们竟还傲然地矗立在那里,而且竟然还有那么多留恋它们的居民在那里休闲、纳凉、玩耍、聊天,他们告诉我:"这片地我们不卖,这些庙是我们祖祖辈辈的根,我们不同意拆除。"这些话和眼前的情景,感动着我,又点起了我心中保护这些古庙的希望,我看到,人民在保护着它们,珍爱它们的政府官员和专家们在保护着它们,甚至被派来拆除它们的工人在心里也舍不得拆除它们。我还感到,那些数百年来矗立在古庙里的神像也正在注视着四周,警惕地保护着自己!我祈祷、我相信这些见证历史的古庙一定能保护下来,修缮完好,重现昔日的风貌,向我们和我们的后代述说海口的历史和我们先辈的移民奋斗创业史。

第二篇　道路交通

大城市道路交通拥堵之困与解

在非典型城市化进程中发展的大城市,往往采取非常规发展模式,城市不是渐进地、有序地、平稳地可持续发展,极易偏离理法的、可控的、科学的规划。非典型发展中的城市(非典城市)可能产生九大问题,或曰九大病痛,或曰"大城之九困",其中,城市道路交通之困,几乎是普遍的。而交通之困(或曰交通问题)中最为人们所关注的就是道路交通拥堵之困。在非典型城市化进程中的大城市交通拥堵之困有时是阵痛式的,严重时也可能是持续的。现阶段,我国绝大多数大城市几乎都存在着这种阵痛式或持续式的城市道路交通拥堵之困,对此,我们必要有清醒的认识,并努力制定、实施应对策略,以减轻交通拥堵对城市人民生活和工作的影响,最后疏解之。本文应武汉市委宣传部门之稿约,对城市交通拥堵的分类、严重性、产生原因、解决途径作出系统的概述,刊登于其机关刊物上,供有关领导和职能部门参考。

1. 困之类

对于城市道路交通出现的拥堵现象,不能无视,也不能恐慌,而应具体情况具体分析,制定具体应对策略。一般的拥堵或是初期的拥堵,大多是时段性的而非持续性的,治理起来相对比较容易。如果拥堵初期没能及时采取措施,任其发展,则拥堵时段可能加长,甚至达到持续性拥堵,那么,损失和危害就会加大,治理起来也就更为困难。所以对初期出现的拥堵不可轻视,更不能置之不理。

城市道路交通拥堵可以按空间分布分为点拥堵、线拥堵、面拥堵三类;也可以按拥堵延误程度分为轻微拥堵、中度拥堵和严重拥堵三级。

点拥堵是指在城市道路交通节点处,多是在城市道路交叉口处出现的交通拥堵现象。城市道路交叉口处出现点拥堵,主要是由于通过该交叉口的交通量超过了它的通行能力所致。

一条相当长的路段上,如果若干处交叉口发生了中度以上的交通拥堵,或某一处交叉口发生了相当严重的交通拥堵,都可能使整条路段发生交通拥堵现象,出现线拥堵。而若干条相交道路相继同时出现线拥堵现象,便是面拥堵发生的征兆,必须给以足够的重视,否则,治理将是十分困难的。

交通拥堵延误程度通常用交通服务水平来衡量。交通服务水平是指实际交通量与设计通行能力的比值,此值越低,服务水平越高。要指出的是,设计通行能力是在最大可能通行能力基础上,考虑到道路、交通和安全条件,进行析减后的通行能力。例如,对于城市快速路而言,一条车道的通行能力可能为每小时 1300～1500 辆标准小汽车;对于没有平面交叉口的城市干道而言,一条车道的通行能力只能定为每小时 700～900 辆标准小汽车。另外,科学合理地认定一条道路或一个交叉口的设计通行能力,要靠设计研究人员精心的计算和实验观测验证,这也是他们的职责。

在交通科学上,我们通常将交通服务水平分为优、良、中、劣四个级别,依次分别对应的交通服务水平区间为小于 0.7、0.7～0.8、0.8～0.9、0.9～1.0。在交通管理上,可以将中等交通服务水平(即达到 0.8 时)、劣等服务水平(即达到 0.9 时)依次分别视为轻度拥堵、中度拥堵,而将服务水平值大于 1.0 时,视为严重拥堵。无论对于路段来说,或是对于路口来说,都不应容忍严重拥堵长时间发生。

2. 困之重

目前,我国许多大城市,尤其是特大城市,交通拥堵的现象非常普遍,有的城市还相当严重。有些城市的干道交叉口发生点拥堵的比例不断扩大,以至于超过 30%,有的甚至超过 50%。而一条道路交叉口点拥堵的比例一旦超过了 50%,且其中 30% 的拥堵达到了严重拥堵的程度,线拥堵就必然会发生。遗憾的是,有些城市的交通管理者对一系列线拥堵的现象要么熟视无睹,要么束手无策,致使面拥堵时有爆发。

当车辆通过干道灯控交叉口时,需要等候三个以上的绿灯,就可以认定这个交叉口发生了严重的点拥堵;而一条道路中 30% 的交叉口发生严重点拥堵时,就可以认定这条道路发生了严重的线拥堵;两三条相交的道路同时发生了严重的线拥堵,就可以认定严重的面拥堵发生了。初期的拥堵可能只发生在早期和晚高峰两个时段,时段长三个小时之内。如时段长延长一个小时、两个小时,甚至三个小时,进而将中午次高峰时段的两端连接了起来,这时,严重的交通拥堵就充满了日间交通时段,这是不可接受的。

下面一组数据,可以说明有些城市交通干道拥堵的严重性:汽车的安全设计车速一般都超过每小时 100 公里;城市干道的道路安全设计车速是每小时 50～60 公里,而干道的交通管理行驶车速是每小时 40～50 公里;实际上干道上行驶的车辆所能达到的行驶车速只有每小时 30～40 公里,而其行程车速可能只有每小时 20～30 公里;至于在高峰时段,它的行程车速可能低至每小时 10～20 公里。

3. 困之因

大城市发生交通拥堵的原因是多样的,但大城市并不是一定会发生交通拥堵。一座城市,当它的城市化进程处于有序、渐进、可持续发展的环境下时,交通拥堵现象是不会发生的。

交通拥堵的原因在交通工程学上的解释就是"对道路交通设施的交通需求,超过了它的通行能力";其客观原因是"道路交通设施的建设增长跟不上车辆增长和城市发展的速度";其表现是行人和机动车驾驶员遵章率低,交通管理不到位而引起的交通混乱;但追究其深层次的原因,则是城市用地性质、用地建设强度、用地变更规划与道路交通系统规划的脱节和失误。其实,如果规划失误仅仅是技术失误,那是容易纠正的,但如果规划失识是一种决策失误,是一种城市发展模式选择的失误,纠正就一定得具有大的气魄,下大的力气,采取系统的措施,付出沉重的代价,经历艰难的过程,方可见效。

当前,许多正处于大发展中的城市,面临着大量建设项目,包括影响面广的大规模交通建设项目密集开工的局面,使本来就严重的交通拥堵形势雪上加霜。

4. 困之解

治理交通点拥堵相对比较简单,主要有两种方法:一是采取交通组织管理的方法,疏解通过交叉口的交通量;二是采取交通工程或道路工程措施,提高道路交叉口的通行能力。疏解交通量的方法很多,例如,组织道路单向交通、限制左转交通、开辟第二通道等,都是可行的;提高道路交叉口通行能力的交通工程措施主要有科学施画标志标线、中线偏移、增加道路交叉口进口车道数、科学调整色灯配时,等等;而道路工程措施主要有拓宽进口车道、建设不同等级的立体交叉,等等。治理线拥堵就不能只去治理那些呈现严重拥堵的交叉口,而应从交通网络系统中去寻求疏解办法;治理面拥堵,不但必须采取系统的交通工程措施,而且还须从城市用地规划层面上寻求解答。

本文不可能就解决各类交通拥堵论述可行的方案,但有可能就由于施工建设项目引起的交通拥堵,提出治理技术对策,可称之为"六个必应做到"。

第一,决策建设项目开工前,必应做到编制科学的《建设项目施工阶段交通影响分析评价与交通组织设计》。由于施工期间的道路交通需求是容易得到和预测准确的,不像在总规和控规阶段交通预测那样困难,所以,施工阶段交通影响分析评价没有理由不准确。必须指出的是,当若干个建设项目工期有重叠时,还需要编制多项目互相影响与协调的"施工阶段交通影响分析评价与交通组织设计"。

第二,具有资质的设计研究单位编制的《建设项目施工阶段交通影响分析评价与交通组织设计》必应做到提交给由具有公正操守的道路交通规划、管理、设计、施工领域的专家组成的评审组审查:对于一座城市来说,这个专家组成员既要相对固定,又要能随机抽选,以便执行回避原则,同时,专家还必须熟悉城市交通现状与发展。

第三,通过审查的《建设项目施工阶段交通影响分析评价与交通组织设计》必应做到向市民和相关单位公布、宣传、征求意见和建议,取得广大市民的理解和支持。

第四,批准实施的《建设项目施工阶段交通影响分析评价与交通组织设计》中规定采取的技术措施、管理措施,包括施工投入和工期,施工单位必应做到不折不扣的执行。

第五,对于施工单位执行《建设项目施工阶段交通影响分析评价与交通组织设计》的过程和力度,建设监管部门必应做到实时监管,随时纠偏。

第六,在执行《建设项目施工阶段交通影响分析评价与交通组织设计》过程中和执行后必应做到进行"后评估",对于出现严重偏差和失误的《建设项目施工阶段交通影响分析评价与交通组织设计》,必应做到对编制单位追责,对评审专家问责。

只要认真，而不是走过场地执行了上列"六个必应做到"，由于建设项目引起的交通拥堵现象就可以大大减少，交通拥堵程度就可以大大降低。

2014 年武汉电视问政点评公交站场

　　武汉"电视问政"在武汉是一档很有影响的电视节目,在全国也有一定的声誉。节目涉及的问题都是关乎民生的热点,被问责人则是主管那些热点领域且作出过承诺的副市长、局长、区长。两个多小时的电视现场直播,一般都是现场报料,领导作答,承诺整改,嘉宾点评。往往由于记者提出的问题严重,承诺人猝不及防,主持人追问尖锐,点评嘉宾不留情面,数百名现场市民反应热烈,节目煞是好看,收视率相当高。

　　近两年有关交通问题的场次大多把我叫到台上,作为专家嘉宾参与点评,我都欣然接受,也是想借机会面向市民,对市领导提一些交通方面的意见和建议。2014 年 7 月 5 日晚上的"电视问政"是 2014 年期中考,话题是关于公共交通的,于是我又坐在台上当起了点评嘉宾。由于我在现场点评中突然提到了光谷鲁巷广场公交站场被挪作他用的事,同时接连向有关领导问责,现场反应强烈,节目结束后各路记者拥到台上纷纷发问。第二天,湖北武汉的各大报纸都从不同的角度登出了部分内容,发表了评论,但没有一处是完整的,也因此引起一些议论。本文想就点评和答记者问中的几个问题做点说明和补充,以免读者看到报纸上片面的报道后引起误会。

　　一、现场播出了设在东西湖的公交站常年无车,附近居民无法乘坐公交车的暗访视频,这之前还播出了为突然去世老人全额要回所交社保金无门的采访视频,交通局与社保局承诺人都拿出了"政策"和"文件"来作辩解。其实,台上专家的发言都是做了准备的,但面对承诺人拿所谓政策与文件作辩解,我有些激动,下面的发言是临时想到的。我激动地问道:"政策和文件都是人制定的,都是为了保护人民的权益,为人民服务的。如果'政策'使得向爹爹的五万元变成了五千元,如果'文件'使得居住着城乡结合部的人民无公交车可乘,这样的'政策'和'文件'还不改正,更待何时?"显然,大家听出这是我现场突发的评论,所以事后记者问我对电视问政节目有什么看法时,我说:"我不希望看到电视问政只是一档节目,只是一场秀,而是一个市民和市长以及专家在一起互相交流、沟通、理解的平台,是执政公开、透明的一种方式,是市民反映意见、建议和诉求的场所。局长和市长们也不能停留在承诺、解释、道歉,以及就事论事的解决层面上,而应举一反三和进行深层次思考。"

二、现场主持人要我评价一下对武汉公交的满意度,其实是将了我一军。视频曝光的是公交乱象,我怎好称赞武汉公交?但武汉公交的确发展、进步得很快,我又怎么能指责武汉公交?两难中,我说:"就我个人而言,作为一个年长的乘客,我给武汉公交打高分95分,很满意;但作为一个研究公共交通的专家,我只能给武汉公交打低分55分,很不满意。"这并不是要滑头,而是真心话。我个人出行不少,几乎都是选用公共交通方式——公共汽车、电车,轻轨、地铁,校园车,出租车。一般情况下,我都选择非高峰时段出行,预留时间富裕些,从容候车,公交车上也并不拥挤,偶尔,还有人让座,何况,武汉老年人乘坐公交也都是免费的,公交线路在市区内布设得很是密集,因此,我没有什么不满意的。但作为城市规划与建设专家,又是偏重研究城市交通的,我也调查过高峰时段武汉公交车之拥挤,公交车中间站候车之混乱,公交车运营速度之慢、准点率之低、调度之落后,我能满意吗?我以武汉最混乱的交通结点之一——光谷鲁巷广场为例,我问主持人:"我到底应该向谁问责?"接下去我说出的话,没想到现场和后续反响竟是这样大,见诸报端的文字却又吞吞吐吐、闪闪烁烁。我明白,文字见报是要通过审查的,而审查者是要删去其认为不宜登出的内容或语句的,这自然可能引起误解或误会。我得靠回忆,尽量准确、完整地将我在现场所说的话记下了。

我说:"光谷鲁巷广场是武汉市的品牌名片,形象结点,交通转换枢纽。但这里的交通混乱,换乘困难,偌大一个交通枢纽地,竟然没有一处交通转换枢纽站,这在国内外大城市中可能绝无仅有。"我问道:"其实这里本来是有一个公交枢纽站的,但却被商人拿去开发赚钱去了,你们知道吗?"那么,这件事应该向谁问责呢?向公交集团总经理问责吗?不对,这可能是他的上几任总经理干的事,也可能是公交集团主管部门交通局局长逼着总经理干的事。问责交通局长吗?也不对,规划局不改变公共建设用地性质,开发商可能拿着公交站场用地开发赚钱吗?那么该问责规划局长吗?据我了解,也不对,规划局长如果没有市长的授意或者指示,敢冒险去变更规划建设用地性质吗?看来得问责某位市长了。据说这位应被问责的市长可能还是我的同学,是我的小师弟,即使这样,我仍要问责他,为什么只站在商人的利益上,而不顾市民的利益,废掉了公交枢纽站,造成今天光谷广场交通混乱与拥塞的局面?不过且慢,据说书记也是每次必看电视问政节目的,我倒要问问,是否也要问责书记呢?我也当过县处级党领导干部,我知道武汉市的一把手是市委书记,党的书记是管干部和政策的,如果干部不执行公交优先的政策,而是去损害人民的利益,违背党的政策,废除了公交枢纽,书记就没有责任吗?我认为是有的!

当我看到节目总监在后台向我示意,当节目结束后记者拥上前来不停的发问,当第二天各报登出不同版本的报道和照片,打出"赵宪尧教授痛批城市交通问题""赵宪尧教授直陈武汉公交'痛点'光谷广场转换站严重缺位""赵教授追问:到底该向谁问责"的热火标题时,我知道,我可能惹祸了。但这也是无法顾及的,这憋在心里的话,我无法不说,有人不高兴也没有办法。不过,也许这番可能惹祸的话,也许真能打动领导的心,引起他们的重视和思考,不再去做损害公共事业的傻事。如能这样,惹祸也是值得的。当然,也许宽宏大量的领导并不生气,我只是庸人自扰。第二天,一位市委的领导朋友在微信朋友圈里发来一首诗,还是很令人欣慰,就收录在下面,作为这篇文章的结尾吧。

五律
题荷花赠电视问政嘉宾赵宪尧先生

根净原无染,

花开了有痕。

吸纳天地气,

凝聚日月魂。

中直无枝蔓,

碧海映红心。

年年开不败,

抗暑最是君。

他还写道:"武汉电视问政,直面人生。嘉宾直言不讳,甚至言辞尖锐;而当局洗耳恭听,改正雷厉风行。二者皆可喜可贵,实是民主渐进之杨柳春风,受之惜之赞之,借盛开之荷以题之。"

我只为城市交通管理说句公道话

　　2013 年 12 月 26 日,武汉各路媒体都对我头一天在电视问政上的发言作了报道,《长江日报》甚至整版登出通栏大幅记者采访照片,弄得我好生惊讶,那时以为,是不是哪位领导发话了? 2014 年 6 月 25 日,在武汉市委会议室召开的部署 2014 年电视问政的会议上,我找到了答案。市委书记阮成发在听取了各区局部委汇报后,总结发言。讲到交通管理时,他突然面向我说道:"去年电视问政,要不是赵教授的发言,对交管局工作的打分怎么会那样高呢? 通过电视问政,可以改进我们的工作,加强政府与市民之间的沟通和理解。"书记、市长和局长们转头望着我,弄得我好生尴尬,却也有些得意。去年各报高调报道我的点评发言,果然就是市委书记的指示。

　　关于那次我的点评,各报报道内容并不完全一样,但大致都是说我强调武汉停车难并不完全怪交通警察,而且还为交通警察的辛苦向他们鞠了一躬。我在网上下载了一篇《长江日报》的报道,大致是完整的。

问出了理解——问答双方理性沟通,促进和谐因素生成

　　问政问出了理解和认同。问政第三场"停车难"短片让众多市民感同身受。点评嘉宾、73 岁的华中科技大学交通科学与工程学院教授赵宪尧言出犀利"停车问题,交警再努力也解决不了""我想问规划局、建委,我们需要新增的 20 万～30 万个公共停车位在哪? 公交起始站停车场在哪? 小区严重不足的停车场怎么弥补? 这些问题不是交管局长一句承诺就能解决的,如果市长不重视,后果必然越来越严重,只有市长下定决心拿出切实措施,才能解决停车难"。

　　犀利的同时,赵宪尧也很理解交管部门的苦衷。他说:"交警很辛苦,酷暑寒冬都要站在马路中间执勤,有时还要呼吸着爆表的 PM2.5。我要向你们鞠个躬,表示感谢和致意。我保证,我在有生之年绝不违反交通规则,也不会向我在交管部门工作的学生打电话,为我违反交规的亲朋好友求情。"武汉市交管局局长李顺年眼含热泪,立即站起来给赵教授敬了一个礼。

　　记得那天在"电视问政"现场,关于武汉市停车困难与混乱的短片很是触目惊心,现场反应很激烈,主持人问话也十分尖锐,交管局长只好向市民致歉,承担责任,再承诺整改,弄得冒汗。但我知道,武汉市停车困难与混乱的责任岂止在于交通警察。所以临到点评时,我开口便说:"对于整治好武汉市的停车混乱,我要是交管局长绝不承诺,我也绝不敢承诺。因为武汉市停车严重困难的局面并不是交通警察一方面造成的。如果规划局长、建委主任不努力,市长不重视,交管局长再努力、再承诺也是解决不了问题的。"接着我摆出了一组数据:武汉市现有一百多万辆汽车,需要近两百万个停车位,而现有的标准停车位不到五十万个。不但公共停车位严重缺乏,就连公交车辆的专用停车位也严重不足,新建筑物的配建停车位被挪作他用,老居住区的停车位没有着落的现象十分普遍,而武汉市的机动车拥有量还在快速增长。我质问道:"如果市长再不重视停车问题,武汉市停车困难与混乱的问题只会越来越严重。"

其实,武汉市存在的停车困难与混乱的问题,在全国各大城市都存在,而且还在向中等城市和小城市蔓延,我所提到的城市规划必须科学布设停车场、城市建设必须大力建设停车场、城市管理与交通管理必须加强停车管理,尤其是市长必须重视停车问题的建议,对全国各个城市都是适用的。

面对可能的破坏性建设，我们可以做些什么？

建于 1956 年的武汉中苏友好展览馆 1995 年就被炸除，建于 1957 年的武昌火车站已于 2006 年拆除重建，建于 1991 的汉口火车站也已于 2008 年拆除重建，这些当年按"百年大计，质量第一"建成的武汉标志性建筑就这样都在扩建的名义下消失了，这种破坏性建设真的叫人很痛心、悲愤、无奈。我知道，决策者是能够拿出需要完全拆除它们的论证报告的，但我更知道这种奉命得出一系列"必要性""可行性""紧迫性""经济性"的论证报告是怎样编写出来的，作为教授和专家，我主持编写和参加评审了太多这类文件。这些具有时代标志特性的大型建筑是城市的记忆，是城市的历史文化沉淀，也是我们父辈辛勤劳动的结晶和国家的财产，提高它们的交通功能，难道非要炸毁它们不可吗？为纠正某城市的一项耗资数亿的大型交通建筑物的改建浪费，我和韩振华教授曾专程去北京找过科学、工程两院院士周干峙先生，希望他能说句话。我愤愤不平地说："对明明能为政府节约数亿元投资的建议，设计单位、施工单位、建设单位，甚至作为投资者的市政府为什么竟然不采纳呢？"周院士的一席话让我恍然大悟，他说："我完全同意你的建议。但你要知道，你这不是在替他们节约钱，而是在从他们口袋里掏出钱啊！他们会同意吗？"我明白，设计、施工、建设、投资者都在争取做大项目：项目越大，大家掌握的资金就越多，赚的钱和可能黑下的钱也就越多，谁还愿意节约呢？反正花的是国家的钱！

其实，面对可能的破坏性建设，我们是可以积极应对的。具体来说，下面三步是可以试试去做的：第一步是"敬重历史、尊重科学、精心设计、厉行节约"。很多时候，扩建目标是可以通过科学管理、合理利用、适度扩建达到的，完全用不着拆除重建。当合理方案不被决策者接受时，应该试第二步"据理力争、步步为营、不离不弃、为国为民"。对武断、霸道的决策者建言要讲究方法，无论是龙是鱼，都是不喜欢别人触犯其逆鳞的,他们大都属猫,喜欢顺毛而摸。将自己正确的意见慢慢变成他们的意见,也许就能被接受了。在作出巨大的努力,仍不能阻止固执己见的决策者实施破坏性建设方案时,也许就要考虑走第三步"广造舆论、上下呼应、揭露黑幕、鞭挞无能"。走第三步也许会遇到一定的风险,也需要一些勇气,但事情能得以逆转,国家和人民能够受益,甚至自身也并不一定会受到打击,因为我们的政府和大多数官员都是正直的,对此,我是有感触的。

有的朋友知道,为反对海口滨海立交方案,我接受新华社记者长达一个小时的电话采访,同意他们实名发出新华社内参,我还去北京找了周干峙院士,还在《中国建设报》组织发表了一整版文章,不少朋友确曾为我担心:"你将来在海口怎么立足?"事情与大家担心的正好相反,当时的市委书记蔡长松接见我时称赞、肯定了我的科学精神和我们科研小组的研究成果,同时诚恳地邀请我退休后到市政府任总规划师,而在我婉言谢绝之后,海口市政府聘请我担任了海口市城市规划委员会首届专家委员。这大概也不算题外话吧。

小气和忘恩负义的北、上、广

2001年,我去香港,那年,我刚满六十岁。香港的朋友告诉我:长者买八达通卡,乘坐公共交通可以享受优惠待遇。我一出关,就很方便地买了一张长者优惠卡,有生来第一次享受到"长者优惠"。香港人称六十岁以上者为"长者",且给他们许多优惠,想必是对老年人的尊敬与关怀。

过河到深圳,这个年龄界限,提高到了六十五岁,需出示身份证,可以享受乘公交免费的优惠。虽然因为女儿在深圳工作,我常去深圳,但想在深圳享受乘公交优惠,看来还是得等到我退休以后。

回到武汉,在一次有关公共交通的会议上,我感慨地说到这件事,并建议武汉市要学习深圳和香港对老年人乘公交优惠的政策,我以为这不但体现了"公交优先",还是城市文明和社会进步的体现,尊老惠老毕竟也是属于"普世价值观"范畴的。大概到了2005年前后,武汉也发了"武汉老年人优待证",不过,也是到六十五岁才能享受乘公交免费优惠的。

等我到北京,才知道在那里,光凭身份证是不能享受公交优惠的,还必须拿身份证到指定的地方专门办一张卡,显然,绝大多数从外地临时到北京的老人,是不会讨这个麻烦去办卡的。

至于上海和广州,外地的老年人在那里也是不能享受公交优惠的。我就此事问过一位广州的退休领导干部,据他说,在广州打工的外地人有四五百万之多,外地老年人的人数,不下百万,要是给这一批人优惠,广州市政府每年需要补贴数千万人民币,政府不愿意。想必北京、上海不给外地老年人这项优惠,也是出于这个理由。看来,北、上、广真的很小气。我对广州市那位退休领导干部说:"你们市政府不仅小气,而且忘恩负义。外地人在广州打工人数几乎接近广州市户籍人口数,他们为广州的发展和建设作出了多么大的贡献啊!你们连乘公交优惠都不愿意给他们的父母,是不是太势利了呢?"

想来很感慨,广州和深圳只一关之隔,在深圳,六十五岁以上的外地老年人享受到的优惠,在广州就享受不到;香港和深圳也只是一关之隔,在香港,六十岁以上的老年人,不分香港人外地人,一视同仁,享受公交优惠,在深圳,年龄就提高到了六十五岁。

2012年,我在美国洛杉矶乘坐公交车,那里的朋友告诉我,六十岁以上老年人乘公交车,上车只须交一块钱,还可以自己撕下一张条子,凭这张条子,回来乘车就不需再缴费了。她还特意告诉我,老年人乘公交优惠,是不分本地人外地人的,连外国人也同样享受,而且是没人去看身份证的,全凭自觉。不过,在早晚乘车高峰时间段,就没有这项优惠了。

我又感慨了一番,从尊老惠老,老年人乘公交优惠这一点上看普世价值观,深圳优于北京、上海、广州,香港优于深圳,而美国洛杉矶似乎又比香港多了一点理性。怎么离北京越近,普世价值观体现得就越差劲呢?这很奇怪,也很令我这自称代表先进文化前进方向的共产党人脸红。

其实,从交通专业角度看,我很欣赏美国洛杉矶的做法:交通早晚高峰时段,人们正赶着上下班,享受公交优惠的老年人就别去和年轻人挤公交了。就这个理性的措施,在做海口市等几座城市的公共交通规划时,我也想提出来,但那里的领导觉得不可行。黄石市公交处易处长说:"老年人早高峰时间出去买菜、晨练、送孙子上学都要和赶着上班的年轻人挤公交,确实不好,但你要是要求他们改一改,他们非得骂人不可。"我想,也不一定,给老年人讲清楚,也许他们能理性地接受洛杉矶执行的措施,毕竟老年人的时间比较机动,体谅一下上下班的晚辈也是应该的吧。

高铁乱象（上）

　　我的朋友小肖两口子，家住湖北省孝感市朱湖农场，长年在广州打工，通常每年往返武汉、广州两个来回。他们和在广州的同乡一样，每人月收入一千多元，扣去房租、伙食和必要的生活费用，省吃俭用，两个人每月结余千元左右，每年可有万元积蓄，十几年就可以用来修修家乡的房子了，这是他们最大的愿望。他们在武广铁路线上来回，最希望能买到 Z 字头的火车坐票，坐一夜车是很累，但两人的票只需 280 元，能省就省，回到家正可闷头大睡一天，解解半年的乏。偶尔买不到坐票，那就狠狠心享受一次卧铺，票价可就贵了一倍，春节假期买票难，无奈何时，花上卧铺的价钱只能从黄牛那里买到坐票。

　　后来，小肖和工友们听说武广线就要通"高铁"，武汉到广州五个小时就到了，很是兴奋了一阵子。春节回家，高铁开通了，大家兴冲冲去广州东站买票，一看，傻眼了，票价 500 元一张！一个人回家的车票费快够两个人往返一趟了，显然这"高铁"不是为他们开的。再回广州站买普通列车票吧，一看更傻了，好几趟 Z 字头的列车都取消了，别说坐票，连卧票也买不着，黄牛党的坐票也涨到三百多元一张。大家对铁道部骂了一句"国骂"，咬咬牙呼喊道："老子就享受一次高铁吧！"转去东站。高铁呼啸开往武汉，同乡们都没感到享受，他们在计算："两人回一趟家，坐他妈的高铁，花去老子一个月的积蓄，真是心疼。"难怪老乡们大骂"高铁"，他们觉得铁道部用高铁忽悠了他们，高铁害得他们买不到他们长年乘坐的直达列车了。

　　别说是工人阶级、农民兄弟姊妹们饱受高铁之苦，连我也被高铁弄得摇头叹息。工作和生活需要，我常往返于武汉和深圳之间。我和我的夫人两个人月工资万元左右，坐坐卧铺不成问题，武汉到深圳卧铺 280 元，晚发朝达，睡一觉到了，很是顺心。自从有了高铁，Z 字头列车大都取消，提前十天也买不着普通卧铺票，有时连软卧也买不到，我也得"被高铁"，还得先从深圳乘车去广州东站，再乘高铁回武汉，一算 550

元,坐票到武汉可是软席卧铺的价钱啊。

对于时间就是金钱的高端乘客,高铁是个好东西,但对于广大老百姓来说,"高铁"害得他们好苦,所以,赞它的人少,骂它的人多。其实"高铁"也够冤枉的,"高铁"无罪,是那些借"高铁"美名损害老百姓利益的官员有罪。这是高铁乱象之一。

高铁乱象、饱受责难的根本原因在于铁道部用G字头(高铁)大量取消Z字头(直快)、T(特快)字头列车,打压、拒增D字头列车,极大地损害了广大中低端乘客的权益。另外,铁道部使用"高铁"名称传达出含义上的混淆,忽悠了上上下下,这是高铁乱象之二。铁道部的领导和专家赋予高铁"高速铁路"和"高速列车"双重含义,但这是错误的。它们之间有关系,但却是两个不同的概念。"高速"相对于"快速"而言,"快速"相对于"慢速"而言。列车速度分为"行驶速度"与"营运速度",行驶速度大于每小时60公里的列车都可称为快速列车,快速列车又可按其中间站多寡和营运速度而细分为普快、特快和直快等。当列车的行驶速度达到每小时200公里时,可称之为高速列车,"动车"就是高速列车的一种,高速列车的行驶速度一般认为以每小时350公里为限。高速列车安全运行需要三个系列来保障——铁路系统、列车系统和控制管理系统。能满足高速列车系统安全运行的铁路系统称为高速铁路系统,高速铁路主要体现为其结构的承载能力和线型的适应能力比较强大。在建成的武广高速铁路上,可以通行时速350公里的高速列车,当然也可通行时速300公里的高速列车,更可通行时速200公里的高速列车。武广高铁实际上是一条高等级的客运专用新铁路干线(日本明确称为"新干线"),其上列车发车间隔可仅十几分钟,动车组可联8~16箱,因而它的运送能力极大,只要控制管理水平达到,其适应各级时速混合运送能力也是很强大的。所以确切地说,我们建设了一条武广新高速铁路客运干线。还有重要的一点需要说明的是:武广老铁路干线只要在局部路段适当改善线型,在其上通行时速200公里左右的高速列车也是可能的。

分析了铁道部混淆"高铁"概念的忽悠性,就可能使人民和政府识破铁道部(我这里不视它为政府,因为它在"高铁"事务中唯利是图的作为与奸商企业无异,完全不像"代表最广大人民根本利益"的政府)欺上瞒下的伎俩,便可能上下齐心协力迫使它回到"人民铁道为人民"的正确轨道上来。我并无根据指责铁道部高官和专家有意忽悠党中央、国务院和广大人民,但是铁道部的贪腐官员和无良专家(如像那位无端指责我国医疗、教育改革失败而高调声言"铁道部不需要改革"的院士铁专家)在这场忽悠中大肆沽名钓誉却是确定的。无此忽悠,高铁从国家得到如此巨大投资、占用如此巨大规模土地是不可能的;无此忽悠营造的廉价欢庆氛围,掩盖引进而非原创的实质、标榜创新的沽名窃誉伎俩断不会得逞。

高铁乱象之三,在于交通规划。规划,须有全局观念和科学观念,有远见,有交通需求预测,更为重要的是,规划要追求经济、社会、环境和资源四方面的最大效益。高铁建设在规划方面的乱象,铁道部有责任,但主要责任似乎并不在它,而在发改委、在国务院,甚至可以说在于急需改革的体制。航空、铁道、公路、水运、管道,甚至城市交通管理,为何不能合组大部委? 合组的大部委又能否实施现代化运作,能否做到政企分离,能否挣脱官商勾结、贪腐霸道,能否实现尊重科学、执政为民的目标? 这些,都不是一个铁道部可以承受之重。

2011年5月,我在美国加利福尼亚州和夏威夷听到的两件案例,可能对我国的交通规划有所启发。在加利福尼亚州交通部工作的易汉文教授告诉我,联邦政府决定资助加州政府修建高速铁路,但加州政府需要在经过经济技术可行性研究和州议会平衡预算后,才能决定;夏威夷大学交通规划专家帕诺斯教授和他的博士告诉我,夏威夷拟建轻轨,可研报告和方案已做了多轮,但尚未获得环保和市民的通过,可研报告与方案还得继续做下去。

不能说我国高铁建设与规划没有通过可研和人民代表大会同意,但要说"可研",一定是"奉命可研",获得同意的"人大"一定是主要由从不投反对票的"倪萍们"构成的,大致不会有错。我不了解国家预算分配比例怎样才算合理,但我认为我国现阶段环保、社保、医保和教育经费严重不足,急需加大投入恐怕是确凿的,因此,对几万亿的高铁投资计划是否过大存疑,并非无理,至于交通规划中的交通需求预测和交通方式需求预测所存在的乱象,则是有目共睹。撇开货运不谈,按日接发50～60对16节编组高速列车,每列载客1000～1200人计算,武广高速列车年接发客能力可达 4000 万～5000 万人次,而武汉近期年铁路到发客运量大致不会超过这个数字。如果废掉武昌火车站和汉口火车站,让铁路乘客都去武汉火车站乘坐武广高铁,会出现什么情况?实际上,四五千万铁路乘客中有需求选乘武广线"高铁"方式的高端乘客不会超过 10%吧,即最多有四、五百万乘客需要选用票价 500 元的"高铁",供需比例可能高达 10 数倍,不是乱象吗?

科学的规划预测应该是汽、铁、空统一协调分担近(小于 300 km)、中(300～800 km)、远(大于 800 km)乘距乘客。按以省为交通分区的居民出行分布,再分配到以武汉和广州为 OD 点的乘客出行量,协调地分配到武广铁路上,才是铁路客运方式的需求预测乘客量。采取铁路客运方式的乘客中也包括近、中、远乘距乘客,他们之中分别以时间和票价为约束条件选择"高铁"交通方式的乘客才是武广线"高铁"的客运需求量,才是规划建设"高铁"最基本的依据。这种科学的预测,"高铁""奉命可研"实事求是地做了吗?高铁开通引起航空和远程汽运的恐慌,以及大量裁减直快和特快列车,迫使大量乘客"被高铁"的事实告诉我们,高铁建设规划与需求预测一团乱象。

高铁乱象(下)

高铁乱象(上)中谈到的问题,主要是技术层面上的。高铁乱象之四,则是由"世界第一"这片光环导致的。我国是一个历史悠久、幅员辽阔、人口众多的发展中大国,只是近代,我们自己原创的东西实在太少,甚至连我们建党建国的理论基础也得靠"十月革命一声炮响,为中国送来了马列主义",更别说现代科学技术的创新了,这让我们很憋屈,也让我们总有一种争创世界第一的冲动,这,其实是无可厚非的。这种冲动的正面效应是鼓励我们奋发图强,努力奋斗;它的负面效应一是急功近利,夸大自己的成绩,二是夜郎自大,排斥他人先进,前者在自然科学上表现突出,后者在社会科学上表现突出。高铁乱象的产生,便是前者的典型案例;声称"永不学习"其他国家的社会进步成果,则是后者的典型表现。

我国高铁有很多"世界第一"与"世界奇迹"的光环,涵盖高铁方方面面:"长度世界第一""速度世界第一""无砟轨道世界奇迹""工程施工世界神奇""五年等于三十年奇迹",等等。无疑,我国高铁的建设和技术都取得了可喜的进步,但盲目夸大这种进步所造成的陶醉,麻木了我们追求创新的潜力和欲望,也装扮着当政者的政绩,淡化甚至掩盖着他们的失策与私利。我国高铁就是如此,铁道部高官,就是利用虚妄的"世界第一"光环和霸道,阻挡人们对其草率决策提出正当质疑与必要修正。铁道部的那位院士专家气壮如牛地宣称"铁道部不需要改革",正是这种企图用光环保护特权、掩盖脓疮的写照,也折射出当前我国某些技术专家为虎作伥、丧失社会道义的无德面孔。是人都知道,岂止铁道部亟需改革,继我国经济改革的深入,进一步政治体制改革迫在眉睫。

2011年4月初,为请教在海口市和黄石市实施国铁与城市轨道共线的可能性,我去北京拜访北京交通大学的邵春福教授,在座的还有专攻铁道科技的教授,自然谈到了号称"世界第一"的我国高铁,于是,我才知道这"第一"的虚妄,才知道"长度世界第一"的代价是债台高筑,才知道"速度世界第一"的忽悠是隐瞒真情,才想到"五年等于三十年"的奇迹乃夜郎自夸。原本,全盘引进日本、法国、德国等国家的先进高铁技术,并无不当,对引进的先进高铁技术消化、吸收,进一步提高,实属正常,也值得庆贺与骄傲,只是站在科技巨人肩膀上,却声称自己高于巨人,却是无聊,尤其这种无聊,被当作贴在心术不正的高官和专家脸上的金纸,用来遮掩他们身上的脓疮时,人们则要擦亮眼睛,提高警惕,切莫被陶醉得昏昏然,而放任奸佞为一方之私利胡作非为。

"世界第一"情结带来的盲目,可能使我们养成容忍夸大,甚至容忍造假的可耻。近日,2001 年世界大学生运动会冠军张尚武告诉我们,他和他的国家队队友当年就是假冒大学生,才得以参加"世界大学生运动会",才得以靠造假,夺得大运会世界冠军。这种可耻的造假,其实是国家体委有意为之的,对此,我们过去容忍了,甚至今天仍然容忍,这是可耻的,也是可怕的。体育如此,科技如此,社会也是如此,我们少有原创和高贵的世界第一,也许正是由于我们的"世界第一"情结过重、过邪所致。

高铁乱象之五,表现在专家公开发声的整齐划一。"乱象"和"整齐划一"看似矛盾,当用于评价专家的公开发声,却是贴切的。质疑,是知识分子的天性和天职,是科学技术进步的重要动力和诱因。"质疑-探索-发现-进步"是科技发展的四部曲,自满自大、固步自封是科技发展的大敌,质疑,自然应是专家的基本素质。

对于铁道部在高铁系统中引进多国技术,当有专家质疑消化、吸收、整合时间过短时,铁道部高官用"中国高铁是世界先进的"堵住他们的嘴;当铁道部内部有科技人员质疑高铁安全,认为有隐患时,院士、权威、官员、专家甚至使用"科盲"去打击之。政治上和技术上的双重压力,造成科技专家的噤声或他们公开发声的整齐划一,可能带给科技和社会双重代价。

如果专家教授只是用外交辞令公开发声,那是这个群体的悲哀与耻辱。2011 年 7 月,全国人民沉浸在因高速铁路温州段高速列车追尾,造成重大人员伤亡事故的悲痛与追问中,急切盼望官员与专家回答他们"为什么"。凤凰卫视中文台胡一虎在"全球连线"中,请出现场记者、日本东京专家和我国北京专家,来为人们答疑解惑,北京专家请的是上海同济大学著名铁道专家谢维达教授。胡一虎接连提出了六个人们关心的问题请教谢教授时,他的回答是:"我们应该多关心的是等待铁道部最后调查的结果,然后根据这个结果,我们再来分析黑匣子的原因。"我们能仅当这是专家的谨慎吗? 作为专家,就高铁避雷设置、通讯系统、控制系统、管理系统,甚至人为责任分析一下可能,总是可以的吧! 他禁言,怕的是什么呢? 失望的节目主持人再尖锐地问道:"到现在为止,即使发生了这件事情(指温州这次世界高铁首次追尾重大惨案),你都觉得认同(指铁道部发言人仍声称'中国高铁技术世界先进')吗?"谢教授的回答,竟是如此残酷的"我认同"。世界先进的高铁技术可能避雷设置失效吗? 可能通讯系统、控制系统、调度管理系统同时失效吗? 世界先进的高铁技术可以酿成世界高铁史上迄今最惨烈的追尾事故吗? 懦弱拍马的无耻,羞愧难当啊! 最后无奈的胡一虎只好问谢教授最后一个问题,就铁道部发言人要进行"安全大检查"的承诺问道:"如果相关部门的领导就在您的面前,您所给他们的最直白、最中肯的建议是什么?"谢教授的回答是:"这个安全检查,我觉得是很必要的。既然铁道部提出来这个观点,我觉得这个应该给予肯定的。"你能想象,这是事关如此重大议题,专家给领导所提的"最中肯的建议"吗? 专家为什么不能提点哪怕基本的诸如保护事故现场,聘请多领域专家组成多个专门调查组,事故责任方铁道部回避领导、主持调查组,进行仿真模拟试验,回访包括乘客在内的事故当事人等基本的安全检查技术建议呢?

专家发声,没有专业语言,只是重复当事官员的外交辞令,不但是专家这个群体的悲哀与耻辱,也是社会的悲哀与耻辱,而绝不仅是高铁乱象之表现。

注:本篇《高铁乱象(下)》及上一篇《高铁乱象(上)》是将作者在 2011 年夏写于湖北省神农架的五篇新浪博客、交通博客汇编而成的。其中,高铁乱象之一至高铁乱象之四于 7 月 15 日夜至 7 月 23 日上午分别贴在新浪博客与交通博客上。原计划就此话题写十篇博客,但 7 月 23 日当晚,在温州发生了动车特大交通事故,悲愤中,于 7 月 26 日晚将高铁乱象之五贴在了新浪博客上,作为高铁话题的了结。选入本书时,将这五篇博客文章汇编起来成为两篇文章,特此说明。

移开三座山，走上创新路

有一次，我在海口市规划设计研究院作技术讲座，期间有规划局的技术干部参加交流，我说了句技术外的话："希望大家努力推翻压在交通科技人员身上的三座大山，走适合中国实际的交通预测、评价与规划创新之路。"现在想起来，动词"推翻"用得似乎激烈了些，副词"大"也过重了，换成"移开三座山，走上创新路"，我以为是贴切的，想和交通科学技术界的朋友们交流一下心得。

目前在我国各省、市运用的交通预测、交通评价、交通规划，甚至道路交通系统规划设计的理论、内容、方法、深度，基本上是一样的，都是全盘从城市化进程处于成熟阶段的西方国家引进的。这些理论和方法自然有它的科学性，但照搬过来应用在城市化进程尚处于快速发展阶段初期，各地发展很不均衡的我国，显然有很多不适宜之处，对此，业内朋友们是很清楚的，只是不大愿意公开承认而已。我想，对此情况，我们不但应该认真思考，大胆承认，而且尤应努力去探索适应我国现阶段特点的交通预测、评价、规划和设计理论与方法，走上科技创新之路。科技创新，需要我国老、中、青科技工作者的共同努力，尤其需要年轻朋友们的努力，需要他们的创新才智，需要他们的创新精力，需要他们的创新胆识，他们才是我国交通科技创新的希望之星。

对此，我以为，压在中青年交通科技工作者心头上无形的三座山必须移开，否则，走上创新之路是不可能的。第一座山叫"先进的洋理论"。无论是北方的洋理论，还是西方的洋理论，都有其先进性，但也一定都有其适应局限性，学习洋理论是必要的，我们自己去创造适应我国现阶段特点的新理论更是必要的，洋人能创新出他们的洋理论，我们也一定能创新出我们的新理论。第二座山叫"权威的老专家"。交通科技界的"老"专家大致有两类：一类是精通北方洋理论的"老专家"，一类是精通西方洋理论的"老专家"（也许，他们的生理年龄并不老）。是的，他们对我国交通科学技术发展的贡献是值得尊敬的，他们技术的精湛也是肯定的,但他们的身体日渐衰老,思维日渐迟钝,创新欲望和能力日渐减弱,甚至技艺也日渐老化,也是无疑的。对他们的权威理论质疑和挑战,超越他们,毫不影响对他们的敬重,而在科学技术上超越他们,正是对他们为之奋斗终生的交通科技的尊重与继承。我大约是可以跻身在他们之中的,我是这样想的,年轻朋友们可以无需顾忌。第三座山叫"左右我们的甲方"。管理项目的政府官员是我们的父母官,委托给我们项目的老板是我们的衣食父母,他们都可能是我们的甲方,他们虽然不是真正意义上的内行,但他们想用自己的意志和目的左右我们的科学结论和成果,而往往他们还有这种权利和能力。摆脱甲方的桎梏,需要高超的技术,需要灵活的战术,更需要一份对科学技术的热爱和执着,需要一份科技工作者的职业道德和良心。我以为,移开了上面三座山,我们的交通科学技术才能走上创新之路,也一定能走上创新之路,使得我们能更好地为社会服务。

关键不在设计而在预测

造成大城市快速路和高速公路衔接不畅,城市外部进出交通拥堵的主要原因,并不能笼统说是这些道路的路口设计不合理,或者说是设计理念已经不能满足快速增长的出行需求。我国大多数设计院的设计水平,并不低于世界上任何先进国家的水平,设计理念也并不落后。要知道,无论是一条道路,或是一个路口,对它的基本要求是通行能力要满足交通量的需求。我们的设计人员,只要给他确定的交通流量和流向,他一定会设计出合理的路段和路口。问题就在于我们没有给设计人员提出符合实际的交通流量和流向要求。今天建设的道路,不仅是要满足今天的交通要求,还应满足未来若干年内的交通要求。这个未来的交通流量和流向是可以用科学的方法得到的,关键在于:我们照搬的国外的交通流量和流向预测方法,在我国出现了问题。

美国,将"第三十大交通量"(即将一年 8760 小时的交通量按从大到小的顺序排列,位于第三十位的交通量)作为设计交通量是可以的,但我们照搬过来,不管用"第几大",都是不适宜的。在美英等国家应用"四阶段交通预测法"预测交通量是相当准确的,但在我国,几乎所有用这个方法预测的交通量,没有准确的。对于这个现实,我们必须正视并大胆承认,只有正视、承认,才可能去探索、改进、创新。否则,采取鸵鸟态度,自欺欺人,吃亏的是我们自己。

以"四阶段交通预测法"为例,这些年,城市道路交通和公路交通预测,各设计院都在用,但预测准确的有多少呢? 不准的原因又何在呢? 我认为,一是没有充分认识到我国正处于城市化快速发展初中阶段的特点,进而找到适合我国国情的方法;二是我们缺乏实事求是的科学精神,浮躁、应付之风盛行。

在我国,交通预测与规划设计有两个问题必须得到解决:一个是公路交通和城市交通,交通部门与城市规划建设部门两个不同的管理体系,彼此分割脱节,不协调,城乡"两层皮";另一个是交通预测模型粗糙、封闭,数据量少,又不重视维护和监管。高速公路,甚至城市快速路由交通部门投资、规划、设计与建设,同城市规划建设部门投资、规划、设计、建设与管理的城市道路,二者如何科学、合理地对接呢?美国的道路交通是完全一体化的,其交通模型也是在网上公开的。这两点我们必须首先做到,接着再研究应用科学、适宜的方法,采用精确、完整的数据,改革实现规范一体化体制。舍此,我们永远得不到准确的交通预测数据;舍此,我们无法保证道路,包括城市出入口设计的科学合理;舍此,我们在交通拥堵面前只能是被动挨骂。

　　此外,一个更为重要的问题是有关我们的城市化进程政策与模式的。当前我国的城市化发展政策与模式不但给交通预测带来难度,而且造成交通量分布的年不均、月不均、日不均、方向不均极为巨大,这种并未引起足够重视的现象,给我国交通建设带来的长远影响也亟待研究和慎重对待。

我看美国佛罗里达州路边停车规划

在美国佛罗里达州一些城市的老城区,路边停车还是很普遍的。城市老城区在规划建设时,对停车考虑不足,那里房子私有,拆除老建筑相当不易,新建高层建筑、扩建地下停车库、修建公用停车场都很困难。随着城市居民机动化水平的提高,私家车拥有量大幅增加,停车需求难以得到满足,路边停车便是必然的了。但是,在新建的城市道路上,绝少见到路边停车的现象,市区外的道路,更是不能在路边违章停车的,可见,路边停车只是对弥补老城区停车位不足的一种不得已措施,不应引申为一种停车理念。

常用到路边停车的地区,通常是沿街商铺,餐馆一家紧接一家,顾客购物、就餐无处停车,就近停在路边,当然很是方便。在这类似商业街的道路旁边停车,商家欢迎顾客在店门口停靠,有的可能并不收取停车费,但大多数是要收取停车费的,有时收取的费用还特别高。路边停车更多的是在交通量明显不大的支路上,这些道路路面宽度往往有十几米,就交通流量而言,双向两车道已经足够,有的时候,还通过交通组织实行单向通行,施画出单侧,甚至双侧停车带都是可能的。

佛罗里达半岛海岸线很长,也很漂亮,但也并非全部海岸都是沙滩。半岛沿海岸规划得非常具有特色,特别是形成的一组一组"岛链",为沿海居民提供了极佳的居住环境。但岛链并没有完全连续,将海岸线封闭起来,而是留出了大量的海滩向公众开放。这些开放的海岸,往往拥有洁白的沙滩,平缓的滩坡,平静的海水,形成绝好的海滩度假区。这些度假海滩一段一段,除了一些商业集中的海边小镇的外地游客很多、游乐设施齐备、停车场到处都是以外,大量开放性的海滩只是当地居民的休闲公园。平缓、洁白的沙滩上摆着一些躺椅,人们悠闲地在沙滩上沿着蜿蜒流动的海水边线散步、嬉戏,搭载他们的汽车就停在海滩外的路边上。这些海边的道路,可能特意被加宽出一条停车带,以使停车不影响沿海岸线道路上奔驰的车辆。

在佛罗里达州见到的路边停车,几乎都有规范的画线,绝少见到乱停车的现象,偶尔看到画有停车位,而没有车辆停靠的路边停车带,那可能是定时限停的路边停车区。路边限时停车也是一项缓解停车紧张的措施,在日间和夜间交通量相差比较大的道路上,如果两边居住区停车紧张,夜间车辆稀少,画线标示夜间限时停车,不失为一种不得已的办法。

路边停车采取什么样的停靠方式,应该仔细分析道路路面宽度,分析在保障道路车辆安全通行的情况下,可能施画出多宽的路面作为停车带。如果可能施画出的停车带宽带不可能超过 3.0 米,那就只有采取平行式停靠,停车位长度不要小于 7.0 米,统一采取前进停车、前进发车,十分方便。斜放式停靠一般可随着停车带宽度可能增加的幅度,加大停放车辆纵轴与道路通道中轴线的夹角,从 30°、45°、60°,直至达到 90°,成为垂直式停靠。垂直式停靠的停车带画线宽度大致 5.5 米。路边停车在美国大城市老城区相当普遍,似乎是解决老城区停车车位不足的有效手段,但其布局与管理确实十分讲究,可以总结为"五定"。首先是"定点",停车地点一定是定在动态交通不太繁忙的支路上,或沿街铺面相连的商业老街;其二是"定位",停车位划线标准规范,车车在位,井井有条;其三是"定时",商业区的停车位定时长,不允许停车超过两个小时,甚至一个小时,支路上停车往往定时段,譬如,定时从晚八点到早八点,只供夜间停车;其四是"定费",路边停车属公共停车,收费不高,一两元而已,但限定停车时长,超过规定时长,罚款是很重的,可能数十美元;最后是"定查",城区路边停车监督检查是很严格的,专人定点定时检查,对违规者的处罚也很是重的,罚得使人心疼。特别想指出的是,老城区路边停车规划布局划区划片,方便用户,也考虑到错时停放,方便清扫街道。在佛罗里达州,无论是斜放式停车或是垂直式停车,大多采取一致的前进停车,后退发车。这种停发车方式,停车时安全方便,倒退发车时,司机一定得扭头后看,以保障安全,不允许只看后视镜倒车,这一点在考驾照时,考官是很在意的。

路边停车只允许停靠小轿车,不允许停靠货车,因此,沿街商铺进货就只能在夜间完成。路边停车带一般都比较长,占满路段。但也有例外,如我们也能看到在交叉路口附近,在个别特殊建筑旁边或公交车中间停靠站后面,特别加宽出一段路面,形成停车带,停放少数几辆汽车的。

目前,国内城市停车难有愈演愈烈之势,不但像武汉这样的特大城市,就连宜昌、十堰这样的大城市停车问题也日益严重,而且许多中、小城市停车困难的现象也逐渐显现出来。于是,路边停车几乎成为交通管理部门热衷和惯常采取的一种措施,这是很值得警惕的现象。从佛罗里达州路边停车策略可以看到,路边停车只能作为解决停车问题的辅助措施,而且应执行十分严格与规范。根本解决城市停车困难还得依靠各类建筑的配建停车位充足,依靠大力发展公共交通,依靠大力推行科学的停车管理,这一点,在老城区建设中必须充分重视,就是在城市新区建设中也必须充分重视。如像深圳万象城商场建在闹市区,但配建停车位充足,公共交通发达,管理科学,虽人流如潮,车流如织,但动态交通、静态交通井井有序;而新近建成的深圳欢乐海岸却因配建停车位不足,欠缺公共交通,地下停车场外部和内部交通组织无序,出入口设置不当等原因,造成严重的停车问题,占路停车混乱,停车拥堵,很是不堪。

责任编辑:吕圣霞

美国佛罗里达州实行"一车一位"是不言而喻的事

第二次世界大战前后，美国不少城市在城市中心区建造了一批批高层甚至超高层公寓楼、住宅楼，安排不断涌入城市的新市民。基于市区建设用地紧张，也是由于预计不足，这些居住用房的停车位设置得很少。随着市民收入的增加和汽车工业的发展，拥有私家汽车的美国家庭越来越普遍，在居家处停车也越来越困难。由于美国实行私有制，土地、房屋归私人所有，拆除重建，谈何容易？收入渐高的白领阶层和中产阶级相继搬出拥挤的城区，住到城市边缘地区，进而住进城郊独门独户的低层住宅，享受住别墅的生活。留在这些早期建造的高层、超高层公寓式和单元式住宅里的市民，无论住房属于自有或者租住，他们大多可归为城市贫困人口。这里的住户，每户也可能有了自己的一辆私家车，但只能停靠在其后集中建设的公用停车场或车库里。20世纪中期以后，为工薪阶层建造的住宅区开始注意到集中住宅配建停车场的建设，基本能做到每户都有自己的停车位。这些以工薪阶层为对象的单元式住宅一般位于老城区或其周边，这里上下班方便，生活也便利些。在这里的住户大多是租户，他们期望经济条件好起来之后，再去城市边缘地区或近郊购买自己的永久式产权房。

美国中产阶级的家庭越来越多，占据美国家庭的绝大多数，他们大多拥有两辆以上的私家汽车，不大可能再蜗居于高层，甚至多层单元式住宅中，而是相继搬进独门独户单层，或是双层住宅里。这种与别墅无太大区别的住宅，最大的特点是都带有车库，一般都会有两个以上的停车位。更为富裕的美国家庭，选择购买离城区更远，但环境更为美好的林间、山间或水边的别墅式住宅，他们出行已经完全离不开私家小汽车了。但是，这些较高级别墅式住宅的车库停车位也都不会超过三个，它们的价值只是高在环境宁静、幽美和宜人，大多情况下，还都拥有较大的私家后花园和家庭游泳池。

美国顶级富人家庭,一般住在豪华的私家住宅或农场的豪宅里。这类豪宅一定拥有私家前院和后院,主人家拥有多辆豪华私家车,车位也都在自家前院单独建造的车库里,院子里的露天停车位则是供来访宾客的坐骑停靠的。

生活在城市贫困线下的美国穷人,靠政府和社会补贴救助,居住在生活环境、居住条件较差的社区里,这些社区不可能为每家每户配备停车位,而往往在道路旁边分散设置少量停车位,供大家使用。美国从事农林牧业的农牧民人口,在美国总人口中占百分之十不到,也就是说美国的城市化率在 90% 以上。这不到 10% 的农牧民居住在广阔的乡间,同样有富有贫,但相同的一点是离不开汽车,没有哪个家庭没有汽车,当然,除了轿车,他们还得有货车,还得有生产机械,这些车辆都需要停车位。在美国佛罗里达州,"村村通公路"已成过去,"户户通公路"也是必不可少的,道路,一定是得延伸到每家每户的大门口。

实行"一车一位",在美国佛罗里达州是不言而喻的事,没有人会质疑。尤其在城区,一辆车一定得有一个相对固定的标准停车位。车辆出行,到达目的地后,也是必须停靠在标准停车位上的。乱停在没有标准划线处的车辆,被发现后,就可能被拖车拖走,并且车主将面临高额罚款。还必须说到,没有老人或坐轮椅者停车牌子的车辆,停在了坐轮椅者专用的停车位上,那也是要面临高额罚款的。这种挂着轮椅标志的停车位,在所有的停车场中一定要设置,并且一定是位于最便利的位置处。

大学校区道路交通设施应与社会共享共管

　　无论是在民国还是在新中国成立后建立起来的大学,最初选址,一般都在市郊。大学占地面积大,希望既有方便的交通,又有宁静的环境,不宜布置在市区内部。如建于民国期间的武汉大学、清华大学,建于20世纪50年代的华中工学院、北京石油学院等,无不如此。但随着城市的发展与扩张,大学校区很快就被密集的城市建设区所包围。尤其是在上一轮中国城市化进程超常规发展过程中,特大城市实际上采取了"摊大饼"的空间发展模式,大学校区也在市区内部不断扩张。21世纪初,全国大学合校热潮掀起,一些大学的校区普遍出现跨越数条城市干道发展的现象,大学校区与城市的道路交通问题也日益显现。

　　我国城市道路交通越来越拥堵,停车越来越困难,而大学校区又越来越大,逐渐被居住区紧紧包围,于是,封闭的、独立的大学校区管理模式对城市道路交通的影响也越来越突出。大学校园围墙内数千亩土地不但割裂了城市支路系统,往往还阻断了次干道,甚至阻断了主干道,加剧了城市交通的拥堵。而且,校园交通由没有交通管理执法权和科学技术能力的校方管理,弊端甚多。提倡将大学校区内道路交通纳入城市道路交通统一规范管理,道路与停车设施与社会共享共管正当其时,应该适时引导。大学不要再去包揽社会交通管理职能,公安交管部门更不要图方便,放弃对大学校区交通管理的职责与权限。

　　校方(包括领导和师生)对大学校区道路交通与社会共享共管多有疑虑,可以理解,但是,这些疑虑是可以解决与打消的。我在重点大学工作数十年,也参与主持过大学校区规划设计,对我国大学校区交通需求与问题十分清楚。我国大学校区内社会功能齐全,是集教学、科研、生产、居住、商业,甚至中小学、幼儿园教育为一体的混杂空间,它的安全不是靠一堵围墙和封闭管理道路所能保障的。同时,校区内真正需要保持宁静的教学区、实验区也相对集中,按时段禁止车辆穿越,很容易做到。

不但大学校区内的道路交通设施、标志标线、交通组织,需要纳入全市统一规划管理,而且校区内的微循环公共交通也不能脱离规范化监管。交通事故的认定与处理,更是城市公安交通管理部门的权限和不可推卸的责任。至于将大学校园公交、道路交通设施纳入社会统一管理,是否应收取乘车费与过路费、停车费,或按什么标准收费,也不能由学校自定、自收、自支,而应由政府物价部门认定。

几年前提出这个问题,也许有人感到唐突,但近几年来,已经有不少城市的大学进行了道路、停车位以及微循环末端公共交通的开放与社会共享的试探,取得了一些经验,值得逐步推广和进一步发展。在大学校园道路交通设施与社会共享共管方面,世界各国也都有可资借鉴的经验。英国的牛津大学、剑桥大学,其各个学院完全融于城市之中,道路交通设施与城市密不可分。美国的佛罗里达大学,夏威夷大学,还有中国的香港中文大学,也都完全没有围墙,校园与城市共融一体。至于俄罗斯的莫斯科大学,中国台湾的逢甲大学,美国的南加利福尼亚大学以及中国的香港大学,虽然都在市区内,也有界定范围的围墙,但道路与交通设施都是与社会共享共管的。笔者去年在美国佛罗里达州考察时,对佛罗里达大学道路交通设施与社会共享共管进行了考察,他们的经验值得借鉴与学习,其实施效果在《可持续发展城市(镇)化道路》一书所附照片可以看出。

汉阳高架桥被炸毁，我只有心疼、感伤和无奈

2013 年 5 月的一天，湖北电视台采访我，要我对顺利爆破汉阳高架桥发表点看法。记者告诉我，媒体是一片欢庆。我对记者说："我没有心情欢喜，有的只是心疼、感伤和无奈。"我告诉记者："我是在参加'武汉市三环线快速路改造工程可行性研究报告专家评审会'时才知道，三公里多长的汉阳高架桥就要被炸毁了。"在那两次会议上，专家们对计划中还要毁掉三环线上的汪家嘴立交、百威立交以及汉口段的中央分隔带、应急停车带议论纷纷。我在会上表达了对拆毁永久性建筑物由衷的抵制态度。我说："我们的城市，再也不应在建建拆拆中发展。"

我问道："我们为什么非要这样折腾自己的城市呢？"记者给我说了官方决策炸毁汉阳高架桥的理由，如原设计车速只每小时四十公里，太慢；现有双向四车道，太窄；桥的质量不好、不安全，等等。我认为，这些所谓的理由只是借口，真正能拿到桌面上的理由也许只有一个，那就是"这座高架桥已经满足不了武汉市快速发展的需要"。那么，我们应不应该问一句：这建了拆、拆了再建的折腾，是不是反映我们有的领导急功近利、决策草率呢？是不是印证着我们大手大脚、不惜财产、挥金如土呢？我以为是。总不能说 16 年前，决策建造它有理、正确、科学，如今，再决策炸毁它也有理、正确，科学吧！要知道，这种钢筋混凝土高架桥属于永久性建筑物，当年我们可是将它当作"五十年不过时，百年大计，质量第一"的武汉市标志性的最长高架桥去建设的。这样一建、一炸，又一建，上亿的资金，就这样被浪费了。

记者告诉我，她能理解我的观点，但这话，能不能播出来，得请示领导。我说，我理解，我知道你们媒体的规矩，但要说，我只能说心里话，说真话。她又问道："对炸毁以后，将要建设新的双向六车道高架桥方案，你有什么看法？"我说："撇开炸桥，我为新方案高兴，我甚至急切地

盼望武汉市快速路系统尽快建成。"她继续追问："您认为,对于汉阳高架桥,除了炸毁,还有其他好的方案吗?"我实话实说："除了炸毁,不一定就没有其他好的方案。"

刹住"四改六、六改八"之风

    2012 年年底,武汉市决定实施城市三环线快速路改造工程,并要求于 2013 年 6 月开工。2013 年 1 月 20 日,武汉市城市建设投资开发集团委托武汉市政工程设计研究院,要求 2 月 8 日提交《项目建议书》,3 月底前完成《可行性研究报告》。在这之前,武汉市规划研究院已经按领导要求做出了《修建性详细规划》,武汉市国土资源和规划局、武汉市发展和改革委员会也依次下发了同意"六改八"技术方案的《函》与《批复》,其间,武汉市政工程设计研究院的施工图设计也已基本完成。4 月 27 日,《武汉市三环线汉口段改造工程可行性研究报告》专家评审会召开。该段工程总投资约三十亿人民币,工程规模不可谓不大,政府气魄不可谓不大,决策不可谓不快,行动不可谓不紧。对这司空见惯的决策匆匆、程序颠倒、奉命可研按下不表,我想从提交给专家评审会上的"六改八"技术方案说起,呼吁刹住"四改六、六改八"之风。

    武汉市三环线快速路"六改八"方案的关键措施是压缩中央分隔带,取消应急停车带,在原有双向六车道的路幅范围内建造双向八车道的城市快速路。在专家评审会上,不隶属于武汉市管辖的四位道路、交通领域的专家,包括我,都对该方案提出质疑。我直言,反对这种压缩中间带、取消紧急停车带、六改八的做法。我认为,该方案是没有效用、有碍交通、没有道理、违反规定、劳民伤财、不断折腾之举。会上,我们还提出了具体的"修补路面,不动断面""主线不动,增设辅道"等多套方案。我们的质疑,主要集中在两点:一是全长 27.57 公里的三环线城市快速路汉口段中有近半是没有设紧急停车带的高架桥,并不在加宽之列,仍只能维持双向六车道。从技术上看,总不能将这段不长的路建成若干段双向六车道和双向八车道相间的快速路吧?二是在快速路上,怎么能取消应急停车带呢?应急停车带是高速公路和城市快速路横断面的重要组成部分,它不但是事故车辆停靠点,而且是应急交通可能避让道,还是高速公路和快速路快速通行能力的保障,怎容随意取消?

规划设计单位技术人员为取消紧急停车带,在新近颁布的《城市道路工程设计规范》中找到了一个"依据":5.3.6条,当快速路单向机动车道数小于3条时,应设不小于3.0米的应急停车带。于是,想当然地玩起文字游戏,推论出单向车道数等于和大于3条时,就可以"不设紧急停车带"。这是错误的。且不说《城市道路工程设计规范》该条文表述得不够科学与准确,就只看看它的《条文说明》"……三车道道路在交通量不太大时,其外侧车道可临时起应急停车带的作用……",就知道应急停车道设置之必要。实际上,在国外,高速公路的车道数越多,应急停车道越重要,有的地方明确要求,单向四车道以上的高速公路,必须在车行道的左右两侧同时设置紧急停车道,以保障内侧出现事故车时,不交织变道或少交织变道停靠,来确保交通安全与高速畅通。

教授级高级工程师洪德昌院长告诉我,这种取消高速公路紧急停车带是原则性的错误,但却时有发生。不久前,在河南省,他作为专家评审组组长,就同样遇到了当地领导急于增大双向四车道快速路的通行能力,而执意取消原有的紧急停车带,改为双向六车道的事情。洪院长作为评审专家组组长,拒绝签字,只是在评审纪要中写上了"按双向六车道划线"达成妥协,才勉强作罢。这一次,我们也做了妥协,在《纪要》中写了一条,要求"进一步论证取消应急停车带对交通安全和通行能力所产生的影响"。

专家们的坚持,能否打动领导的心,促使其收回成命,不得而知。但我以为,有必要向我们的科学技术工作者呼吁:坚持科学原则,不要为喜欢武断决策的领导刻意寻找借口。尤其是要呼吁:一定要刹住在高速公路改建为城市快速路中,这股祸患无穷的"四改六、六改八"之烈风。

附:中央人民广播电台中国之声《新闻纵横》报道
武汉市三环线扩容计划压缩隔离带,专家质疑设计不安全

据中国之声《新闻纵横》报道,武汉市内第一条全线通车的快速环线——三环线,从20世纪90年代开建,直到2010年全线画圆,但通车至今却越来越"忙"。继2011年1月武汉市交管局宣布禁止外埠货车、低速货车等通行三环线后,城建部门又将启动三环线综合整治"扩容"。

武汉市决定,今年投资88亿元,对三环线西段与北段进行全面改造。但改造方案备受交通专家的质疑和反对,其中就如何实现"六车道改八车道"方案最受关注。

目前已经公布的改造方案显示,三环线北段中将近 17 公里的地面段将由现在的六车道拓宽为八车道。负责设计该工程《项目建议书》《可行性研究报告》的武汉市政工程设计研究院的负责人表示,工程 7 月份就将动工。

负责人:由六车道单侧向市区方向放宽形成八股道,结合现状的路幅,把路幅范围的功能设施带利用起来,放宽一个车道。

记者:就是把中间绿化隔离带缩小一定范围,再增加通行车道?

负责人:对,是这样的。汉口段审批通过,也即将开工建设了。

但这一方案却遭到工程专家评审会上专家们的一致反对。华中科技大学道路交通工程研究所总工程师、教授赵宪尧介绍说,被改造的路面两侧,一侧是堤防设施,另一侧为了迎接国际园博会要修建绿化景观带,就没有多余的地方拓宽两个车道。因此拓宽方案只好将原来道路中间 3 米宽的中央隔离带压缩为 1 米,并且取消了道路两边两条 2.5 米宽的应急停车带。

赵宪尧:中央分隔带的目的是为了防止车辆对向的互相干扰、司机心理干扰、视觉的干扰、对向眩光的干扰。一辆车突然坏了,如果没有紧急停车带,将会出现什么状况,交通不是完全瘫痪了吗?

曾主持编制《武汉市城市快速路规划、设计、管理技术规定》的赵宪尧同时表示,这套改造方案中有几处都违反了规定。

赵宪尧:按照国内外的经验,必须要有足够宽的中央分隔带,必须要有足够宽的紧急停车带。我们编的武汉城市快速道路设计规范也是这样规定的。

正因为诸多安全方面的疑虑,赵宪尧、洪德昌等专家在评审会《纪要》中写上了这样的结论:该方案需要进一步论证交通安全及通行能力。

即便如此,今年的 1 月 18 日和 3 月 11 日,武汉市国土资源和规划局以及武汉市发展和改革委员会仍旧依次下发了同意"六改八"技术方案的《函》与《批复》。

为了进一步核实情况,记者日前又来到负责对该工程规划方案进行评估的武汉市工程咨询部,可这里的工作人员欲言又止。

工作人员甲:设计院把图纸文件都传到我们这里来以后,我们已经开过评审会,但后来不是网上说……

工作人员乙:这个以后定下来再说吧。

其实早在十年前,也就是武汉市三环线建设规划之初,参加三环线建设专家评审会的胡润州以及赵宪尧等城市规划交通专家,就都曾提出"预留改造空间以及增设辅道"的意见,但在当时没有得到采纳。

胡润州、赵宪尧等专家表示,如果按照现行方案,10 年前的错误可能还会延续到今天,因为长长的快速路上没有应急停车道,中央分隔带被人为缩减,最终可能将导致交通事故频发。

胡润州：建三环线的时候我参与过，我们当时说过，希望两侧能够留宽一些，应该有一定的弹性，估计未来可能有发展。

赵宪尧：所以当年一建，我就说快速路一定要允许平行和垂直的自行车、行人或慢性交通，包括公共车通过的道路，这才叫作城市快速路。

事实证明，如果在当年采纳了专家的想法与意见，今天武汉市不仅可以节约一笔巨资，同时也不会因为改造封路给广大市民出行带来不便。眼看着三环线北段改造工程即将开工，专家们的坚持，能否打动决策部门的心，促使其收回成命，修改方案，我们不得而知。

谈交通预测的"鸡肋"作用

2012 年 10 月，我在参加 Tranbbs 最新栏目——《人物专栏》时，记者将工可、预可中交通预测比作"鸡肋"，这个比喻很有意思。对于我们交通规划从业者来说，交通预测，还真有点像"鸡肋"——弃之可惜，食之无味。显然，交通预测工作，我们不能丢弃，它到底是我们这一行业的责任和任务，也算是交通专业的核心技术；但做这项工作，实在是吃力不讨好，人家怀疑我们的预测结果，我们自己也不理直气壮、不自信，真是食之无味。

交通预测，不但工可、预可需要，而且交评也需要，交规更是不可或缺。但我们的交通预测结果何时准确过呢？有一座城市要修一条隧道，市长要求，预测结果起码十年不过时。按交通预测修建的四车道隧道通车不到一个月，就车满为患，大家都很尴尬。我们自知预测结果不准，甚至有时为了迎合某种结果，变一变输入参数，忽悠一下人家，也是有的。其实，委托方和政府官员也并不相信我们给他们的预测数据，但大家彼此心照不宣。不靠谱的预测还是得煞有介事地去做，确实非常尴尬。这种尴尬局面的形成，究其原因，委托方、规划设计方、政府方都有责任。对于预测结果，委托方往往要得很急，实际上，项目政府已经确定下来了，甚至施工图也已经完成。但程序上需要补一个工可，需要补一个交评，开工在即，一周得要文件。交通规划预测者又不是神仙，交通调查、数据输入、建立模型、校核、绘图、写报告，做这些工作都需要时间。但委托方是不管这些的，委托方只要求早点拿到报告，早点通过专家评审，早点走完程序。何况，委托方是不会接受"不可行的"，更不会接受与领导意图和决策相违背的可研报告。所以，可行性研究报告的结论，只能是"可行"。我曾开玩笑似地说："我们改为'不可行性研究'，如何？"其实也并非完全是玩笑。

我们国家建设项目之多，进度之快，世界罕见。规划设计研究院的任务自然是饱满又紧迫。任何工作都有个合理工期，时间不够，要求

"精心规划、精心设计",怎么可能呢?当然,规划设计人员是应该追求技术的精益求精的,但任务紧迫,人心浮躁,有多少人能沉下心来呢?所以说,交通预测这种尴尬局面,不能说规划院和规划人员没有责任。那么,我们可以去做点什么?又应该怎样去做呢?我想起了李培根院士,我们华中科技大学的前任校长。有一次,他在大学生毕业典礼上的寄言,很令人感动和钦佩。尤其他引用的古印第安人哲言"不要跑得太快,要让灵魂跟上"和纪伯伦的诗句"我们已经走得太远,以至于忘记了为什么出发",还有那句"宁静可致远,浮躁不会把你带到远方",真的很值得引导我们去思考:我们到底应该去做些什么?又到底应该怎样去做?

再说政府部门的领导吧,他们又何尝不知道交通预测中的猫腻呢?只是他们愿意睁一只眼、闭一只眼。很多时候,"可研"就是论证一下领导的决策是否可行与正确,谁还在乎交通预测的真实数字。其实,规划局制定的"建设项目交通影响分析与评价"规定,要求由开发商委托规划设计研究院去完成,也是存在问题的。海口市规划局已退休的吴婕科长,她本身就是道路交通专家。她对我说:"规划局已经将用地性质、建筑密度、容积率等规划条件给了项目的开发商,再要其去做'交评',还有什么意义呢?要是'交评'不通过,那规划局不是自己打自己耳光吗?"所以,她认为,"交评"应在规划局下达建设项目规划许可证之前完成,而不是在那之后去做。我认为是对的。所以,这些年来,我一直在呼吁:"交评"应在控规阶段去做。我在杭州作讲座时,提到这种观点,那里的同行表示同意。杭州的朋友们告诉我,杭州已经基本做到了控规全覆盖,这才正好适宜去做交通预测和交通规划。否则,拿着总体规划去做交通规划,有什么意义呢?我想说的是,没有控规,四阶段交通预测与规划是没有意义的,也是不可能准确的。

近几年来,我一直在到处呼吁改进我国交通预测和交通规划的旧思路,建议针对我国现阶段城市化进程特点,开展适应我国特点的交通预测和交通规划方法的研究。关于近二十年实行的以四阶段交通预测法为核心技术的交通规划,实践证明,其在我国现阶段有诸多的不适应。对此,我在台湾、深圳、海口、南宁、上海、杭州、宁波、济南、武汉、十堰、咸宁……以及在美国,只要有作技术讲座的机会,我总要谈到这种种不适应性,目的是期望引起大家的重视,并且勇于承认、勇于面对,进而共同去探索,找到适应我国当前实际的、实用的理念和方法。对于这些不适应性的分析,我过去已经说得太多,这里就不赘述了,倒是有几点做法,想说来与大家讨论和分享。

近年来,我们课题组一直在做交通预测方面的工作。说不上取得了什么突破性的进展,但也积累了一些体会与经验,同行们要是感兴趣,是可以试一试的。

综合起来说,我们的建议包括三个方面:一是关于"交通逆向预测"的应用;二是关于"交通控制规划"的理念与方法;三是交通建模问题。

交通逆向预测问题,20 世纪 90 年代,易汉文教授(现在美国加利福尼亚州交通部工作)在武汉城市建设学院时,就曾做过系统的研究,只是没有机会进行实践。21 世纪初,在做广州萝岗区的交通规划时,我们在没有 OD 调查的情况下,用这种方法进行了还算满意的交通预测。在做十堰市城市综合交通体系规划工作时,对于货运交通的预测,我们也是采用的这种方法。简单地说,这种方法就是运用成熟的交通规划软件和技术,利用现有的路段交通量资料,逆向预测交通生成量。

交通控制规划属于一种新的理念,它给出的规划成果,不是对规划道路系统的交通服务水平作出评价,而是对作为交通源的建设小区的建设强度进行控制,并制定出具体的弹性指标;或者是针对设定的数个规划情景,分别进行评价与描述。在广州萝岗区综合交通规划中,我们采取了前一种交通控制规划理念,在十堰市城市综合交通体系规划中,我们采取的是后一种交通控制规划理念。

2011 年,易汉文教授来华中科技大学讲学,以他在美国从事交通建模、交通预测和交通规划工作多年的经验和体会,在武汉极力呼吁国内同行重视交通建模和交通预测工作。他向我们指出,交通预测的准确性,取决于交通参数输入的完整性和准确性;并且指出,中国各城市必应配备交通建模专门班子,实行"一城一模,模型公开"的体制。易汉文教授的呼吁,在理论上大家是认同的,但对它在我国付诸实施,却大都持悲观态度。但易汉文教授的理念,对我们项目组的同事启发很大,我们决心等待机会试一试。2012 年初,机会来了,我们的理念在"十堰市综合交通体系规划"项目竞争中得到肯定。其实,一种先进的理念得到认可,也不一定如同想象中那样困难。当我们推荐并承诺"合作建模、参数完整,一城一模、模型公开,模型共享、常年维护"的理念后,十堰市的规划专家们、设计院的同行们、规划局的领导们一致认同。经过几个月的努力,可以说,已经提出的交通模型和情景交通控制规划成果,相当令人满意。我们希望,也坚信"一城一模,模型公开"的理念,一定能在全国得到推广,我国交通预测和规划工作有可能登上新的台阶。

"限"既是无奈之举，
又是无理之举

2012 年 7 月，继上海、北京、贵阳之后，广州也出台了限购政策。广州限购，出民不意，突然宣布，自鸣得意。赞者有之，损者有之。看似与交通专业无关，与传统的交通科学技术无关，然而，这正是交通专业高层次的内容，涉及管理学、社会学，是事关现代交通管理理念的重大课题。

近年来，一些发展比较好的城市，纷纷祭出"限"旗，将"限"奉为治堵法器。一时之间，限风肆起，或限购、或限行，或摇号、或竞拍，或强制推行，或突然袭击，不一而足。我对这一系列"限"制措施，一如既往，持不赞同观点。我仍然坚持我在"武汉市治堵大会"上发言所阐述的观点："限"，是无奈之举、无理之举、无能之举。也许有人觉得这种讨论与交通科学技术无关，其实不然，这是更高层次的管理理念，更高层次的管理科学。

我清晰地记得，2010 年，在台湾逢甲大学召开的"两岸交通论坛"学术会议上，当北京来的专家介绍 2008 年北京奥运会期间采取"单双号限行"来治理北京交通的经验时，一位逢甲大学的学生马上站起来说，这不是交通管理科学的先进经验，它不能推广。他尖锐地问道："你们有什么权力限制人们通行？"我当时很是震动：这里的大学生勇于质疑，他敢顶撞专家，这恰是我们内地培养的大学生所缺乏的。没有质疑，就没有创新，不挑战专家权威，科技就没有进步可言。听说，正是我们到达台中市的前一天，逢甲大学交通运输系的一些大学生上街游行，反对在几条街道上限制机动车（台湾称摩托车为机动车）通行。我不是希望我们的大学生也去学他们上街游行，而是认为我们的大学生要向他们一样，敢于质疑，敢于挑战权威，也要具有现代科学管理理念，具有民主意识，具有人文关怀意识，具有人权意识。

我说，"限"是无奈之举，是因为这是没有办法的办法。现实摆在这里,交通拥堵,不可接受了。我们先不去说这是怎么造成的,也别去责怪谁,就说怎么办吧。扩宽道路,建设立交,设置灯控,单向行驶,分流车辆,公交优先,办法用尽了,还是拥堵,人民不接受,怎么办? 只好祭上"限"字大旗。所以,我并不具体反对哪个城市去"限"。你以为交警愿意"限"吗? 他们明知挨埋怨,也得硬着头皮去"限",他们代人受过,冤不冤? 但我必须说,"限"是无理之举。车主纳税买了车,上了牌,就有了通行权,没有人有权力剥夺其自由通行权。为什么单号今天可以通行,双号明天才可以通行? 道路畅通,是政府的责任,凭什么政府没有很好地担起责任,却要人民用放弃自由通行权来承担? 还有,凭什么在北京,北京的车号可以通行,湖北的车号就不可以通行? 人民缴纳的可是"国税",待遇不平等,不是违背了宪法吗? 拍卖车号,不是要额外增加国民的税外购车支出吗? 上牌摇号,不是涉嫌地域歧视和侵犯人权吗? 对公民权利搞突然袭击,不是违反了"民主决策""听取民意"这些现代管理科学的基本理念吗? 为什么先富起来的人购车时不限购,到后富起来的人购车就限购了呢? 说实在的,这些问题并不好回答,因为没有足够的法律依据和公民权利准则依据,来证明"限"的合理、合法性。何况,道高一尺,魔高一丈,人们自有对付"限"的对策。广州突发限购令时,我正好在广州,广州和佛山的朋友告诉我,广州到佛山购车的人可能大幅增加。我以为,只有承认"限"是无奈之举、无理之举,才能取得车主的谅解,才能激励我们去寻求合理合法的、能从根本上解决拥堵的措施。我以为,我们不能毫不愧疚、理直气壮地去"限"。

公路姓公

湖北省宣传，为了"扶贫"，修建了一条高速公路——武英高速，当地人民反映收费太贵，走不起这条"扶贫路"，湖北人民广播电台就此事采访了我。2011年1月初，湖北人民广播电台播出了这次采访的录音，不巧，我没有收听到，所以找电台要来了广播后整理的文字稿看看。可能是播出时间限制，我记得剪裁了一些，其中关于"公路姓公"的看法，我想在本文中修补一点。

公路，具有典型的全民公益性，具有公共事业的属性，直接服务于社会和广大人民群众，是国家基本建设项目。"公路姓公"，理应由国家直接按计划拨款建设与管理，无须再向国民额外收取过路费。在国家资金困难而又急需建设时，紧急采取"贷款修路，收费还贷"的举措是可以的，但在我国不能形成常态，更不应听任利益部门利用群体或个人借"贷款修路，收费还贷"之名去巧夺豪取、谋取私利。我国目前的经济实力与十年、二十年前早已不可同日而语，我国政府"不差钱"，我们有钱去买外国的债券，当然不愁筹措修公路的资金。由国家投资修建公路，取消公路收费，还路于民，杜绝收费公路领域的浪费与贪腐正待其时。

附：湖北电台广播录音文字整理稿

扶贫路，到底该怎么修？

提要：高速公路收费为何会超出民众承受能力，扶贫路为什么让人走不起，本期时事大家谈请听专家解读，扶贫路，到底该怎么修？

主持人：刚才的焦点时刻节目中，本台记者对湖北省黄冈市境内的麻武、武英、大广北等新建高速公路收费过高的情况进行了调查。记者发现，这几条高速公路开通后，人少车稀，沿途百姓出行仍然选择绕道走老路，扶贫路没有起到扶贫的作用。

主持人：扶贫路让人走不起，这确实是件很讽刺的事。事实上，黄冈市境内这几条高速公路的建设，对于进一步优化湖北省公路网布局，推进武汉城市圈建设，促进黄冈地区经济社会发展，改善沿线老区人民生产和生活条件，具有十分重要的意义。

主持人：那么，顺畅、便捷、廉价的公路对于欠发达地区的经济发展意味着什么？高速公路在修建之前，是否应该进行全面细致的评估？不同地域的经济发展水平不同，相应公路的定价是否也应该区别对待？今天的时事大家谈，华中科技大学交通科学与工程学院教授赵宪尧将做客节目，为您做详细解读。

主持人：赵教授，您好！之前我们谈到更多的是交通对于推动像北京、上海、武汉这样的大城市发展的作用，那么这一次咱们谈到的是一些中小型城市，以湖北省为例，像英山、麻城这样的地方，方便、快捷、廉价的交通出行对于它们意味着什么？对于构建武汉城市圈、对于发展县域经济又意味着什么？

赵教授：其实我们国家的中小城市的数量当然是远远大于大城市的。由于幅员辽阔、人口众多，这样的城市确实需要发展，为了城市化进程的健康发展，需要中小城镇的健康发展，我国的既定政策实际上就是大力促进中小城镇的发展，这样中小城镇的发展就构成了城镇和谐发展的体系。当然反过来说，任何一个中小城市想要和谐、可持续地发展，就离不开整个国家城镇体系的互相融合，而互相融合显然就需要交通把它们紧密地连接在一起。过去我们衡量它们连接的紧密程度是用距离这个指标，一个城市到周边的城市，一个小城镇到中等城市，中等城市到大城市的距离有多远，用公里数来衡量。现在随着公路的发展以及交通事业的发展，"距离"就由"时距"替代了，虽然距离是不变的，但时间却是可以缩短的。如何缩短时间距离呢？无外乎把它们之间的绕行距离减小一些，也就是专业上讲的"非直线系数"减小，使它们之间联系的速度能快一些。我们国家所谓高等级的公路网，正好就适应了这个特点。也就是说，高等级的公路网以及整个公路网系统，把我们国家大中小城市紧密连接成了一个有机的和谐系统，这个和谐系统里面的任何一个城镇应该都是受益的。

说到具体的武汉城市圈，它是一个经济上的概念，在体制上也有这个概念，但实际上最重要、最直接的还是地理上的一个概念。在这个地理概念中，我们希望在武汉城市圈范围之内的大中小城市以及农村，整个能够形成一个集体，能够由一个聚集的效应紧密连接起来，谋求它们共同的发展。这样同样需要加强联系，这样一个共同体在空间上形态的形成靠的是什么呢？靠的是道路，道路实际上就是城市圈的骨架，它决定了武汉城市圈将来发展的空间形态以及未来发展的趋势是什么样的。在这个共同体中，只有交通畅通，这个共同体城市圈才能健康发展，所以交通的重要性确实是不言而喻的。

主持人：事实上，高速公路收费高的情况在全国范围内并不少见，有些高等级公路的价格甚至达到每公里1块多钱。但是，这些高收费的高速公路多是修建在经济较为发达的省市，民众的承受能力相应也要高一些。

主持人：然而我省黄冈市境内，老区山区比较多，因此，麻武、武英、大广北高速在修建的时候，都被打上了扶贫路的烙印，其设计初衷是为了拉动当地经济的发展。但是，为什么几个月的使用下来，这些路却没有起到扶贫的作用呢？对此，华中科技大学交通科学与工程学院教授赵宪尧认为，建设者对扶贫路概念的理解出现了偏差。

主持人：当地群众反映武英高速收费过高的这件事中，有一个词吸引了我们的注意力，那就是扶贫路。换句话说，这条路是为了拉动当地经济而修建的，而开通了几个月之后，大家都抱怨收费太高，有的甚至回去绕道走老路，扶贫路起不到扶贫的作用，对于这个现象您怎么看？

赵教授：这个问题其实不是现在产生的，而是过去就存在。但要提起"扶贫路"，我有这样一个看法：扶贫应该是雪中送炭而不是锦上添花，一个人冷了，你是给他一件貂皮大衣还是一件棉袄，是的，你可以给他一件貂皮大衣，不要钱，或者你给他一件貂皮大衣，收他一件棉袄的钱，这才是"扶贫"的概念，否则就不叫扶贫了。更不能打着"扶贫"的旗号，谋一个部门、一个企业甚至部分人的私利，所以"扶贫"这个名字我觉得不能够随便用。"扶贫路"的等级可以低一些，为什么一定要修成高速公路呢，一级路、二级路甚至三级路都是可以的，特别是扶贫路应该大力地改善当地已经有的一些道路，打通一些道路、拉直一些道路、改造一些道路，这样就可以真正起到惠民的作用。扶贫路的资金从哪儿来呢？应该从国家来，或者从地方政府来，甚至当地农民工可以去做劳工，使造价可以降低，这样使得即使贷款也可以少贷一点，能够使收费上大大地降低下来，这才是真正的惠民、支民和扶民。

主持人：我们说贷款修路、收费还贷，这是无可厚非的。按理说，路既然是修来帮扶当地经济的，必须站在现实角度考虑当地群众的承受能力，把价格定得低一些、亲民一些，但从另外一个方面来讲，如果只考虑把费用降低，忽略了修路方的利益，反过来又会打击他们的积极性，到底应该如何平衡老百姓的利益和修路方的利益呢？您是怎么看待这个问题的？

赵教授：是这样，贷款修路、收费还贷，在我们国家基本建设投资投入不可能很多，又需要道路来连通各个地方的交通，发展经济，方便人民的出行的情况下，显然起了很大的作用。但在收费的过程中，弊端确实已经逐渐体现出来了。比如，收费的成本降不下来，因为收费人员、设备、机构等此类收费成本所占的比例过大，或者收来的费款暗箱操作挪用了；收费技术操作层面和管理层面上的漏洞多、监督少，等等。收费还贷的体制是一定要改革的，必须要改，并且是越早改越好。

主持人：迫不及待。

赵教授：迫不及待，改革的阻力到底在什么地方呢？阻力在于有话语权、有决定权、策划权的利益有关方。

主持人：说到底还是"利益"两个字。

赵教授：利益，就是利益。我们说高速公路是惠民，修路的贷款，还了之后就不应该再收了，但为什么很多高速公路的成本早收回来了，却还在继续收费呢，而且之前到底收了多少呢，人民并不知道，甚至知道了也没办法，国家审计署审计出来很多高速公路、道路收费远远超过了成本，按规定早应该停止收费了，为什么还在收呢？可见这中间有很多我们并不清楚的问题，而这些不清楚的问题按说也是很容易弄清楚的，一旦弄清楚之后就应该进行解决。所以我觉得收费问题确实应该解决。世界上很多国家的公路是不收费的，收费特别多的恰巧是中国。而我国也不是非收不可，当年改革的时候，海南省就实行了一种"费改税"制度，就是把收费的费用需要增加的就适当加入燃油税里面。现在海南省拆除了所有的收费站，省了很多钱，收来的税很规范化地进入了国家的税收，很规范化地又回馈到公路建设上去了，这种制度海南省能执行，别的省为什么不能执行？所以我觉得这个改革是势在必行的。

主持人：换句话说，税务系统的监督可能是比直接公路收费系统监督来得要透明一些。

赵教授：对，又透明、又规范。

主持人：想知道高速公路的收费能否为当地民众所接受，其实很简单，当地政府大可以在修建之初做个调查，了解一下老百姓对于高速公路使用价格的预期，从而制定出更合理的定价。

主持人：确实如此，赵宪尧教授指出，我国其实很早就已经开始实施公路修建评估机制，在修建一条高速公路之前，会召集相关专家进行可行性论证，但是，这样的评估机制缺乏相应的监督机制，因此，落实情况不太理想。同时，他还指出，公路的特点，体现在一个"公"字上，因此，政府应该加大对公路这样具备公共属性的基础设施的建设力度，尽早结束"贷款修路，收费还贷"这样有缺陷的机制。

主持人：按照相关方面的说法，收费高是因为公路造价高，要考虑收回投资成本，事实上这些问题在修路之前都是可以预先估算的，一条公路走的起、走不起，也并不需要等到路修成了才知道，公路造价过高，明明知道会出现现在的尴尬情形，修路计划可以适当地作出调整。我们现在有没有这样的评估机制呢？

赵教授：你说的有两个问题：一个是收费高，一个是评估机制的问题。从收费公路的原理上来说，修路用贷款来修，修了之后成本需要多长时间能收回来，成本收回来之后再投到其他公路的建设上面去，原理应该是这样的。但在投入的时候，我觉得跟刚才的问题类似，就是我们到底应该修怎样的路。

主持人：今天在看记者采访的时候还说到一点，武英高速公路收费价格比较高,达到了每公里 0.8 元,这个费用是经过省里审批的,从这个角度来说,政府能够审批通过这个价格,政府默认这个价格应该是可行的吗?

赵教授:我并没有参加价格的听证会,按照正常来说,收费公路的建筑造价是多少,这个造价国家给它一个期限多少年收回来。

如果制定 50 年的回收期限,那么想 20 年收回来,费用肯定就要高一些,想 50 年收回来,费用肯定就要低一些。另外一点是,回收的费用有多少摊到成本里面去了,造价有很多组成,可能有国家投资的,可能有地方政府、地方财政投入的,因为叫扶贫路,是不是也有一部分社会善款呢?比如说有些企业、个人的捐款,用了当地廉价的民工没有呢?也就是说,收费的这一部分是收的哪一部分,是光收贷款的这一部分,或者企业投入这一部分的利息还是哪一部分呢?所以回收这一部分的量是多少、对象是多少,整个是政府定的。但是定了这个标准以后,计算收费标准又有一个问题,这就是日通行量是多少,有多少车辆通行,这样摊在每一辆车上、每一公里上,就可以得出一个数字。但是到这几个数字的得到和制定都不是一件容易的事,通车了以后一年有多少车通过、10 年以后有多少车通过、20 年以后有多少车通过,这个预测要想科学,也是非常困难的。

赵教授:因为数字在不停地变。

嘉宾:按说是可以预测的,但是预测准确是很困难的,很困难并不是不可预测的,而是需要经过科学的评估。评估、计算出来的数据是不是科学,要经过专业机构的鉴定,这个鉴定既专业又透明,还得有监督。这条路的收费是不是做到这个样子,我很难说。每公里收费 8 毛,甚至 1 块的高速公路也有,为什么会这样高呢,相关部门在制定这个标准时肯定有其道理,这个道理是否合理就要研究,不但要研究而且应该透明,不但应该透明而且应该监督。

交通安全警示
——没有什么能比生命更为珍贵

　　2010年秋天,我曾到新洲汪集乡间一处邻近汉施路的鱼塘边的小屋住过两次。汉施路为双向六车道,路面采用水泥混凝土,宽阔平直。就是在这里,一个多月的时间内,发生了两次车祸,撞死了两人,而且都是在黄昏,肇事司机都逃逸了。村民们告诉我,这里经常发生车祸。他们指着路边炸油条的腿残老汉说:"他的腿在这里被汽车轧断后,再也不能下地干活,只能靠早起炸油条谋生。"不长的一段路,不长的一段时间,发生这么多起车祸,死伤这么多人,不能不叫人感到震惊。

　　据统计,2009年,我国共发生道路交通事故238351起,造成67759人死亡、275125人受伤。就公布的数字看,我国道路交通事故死亡人数,相当于每天从天上掉下一架波音737客机的夺命惨案。我给某省会城市交通干警讲课时问过听课的警官:交通事故是否有瞒报的现象?他们大多点头。再问:瞒报比例有多大?他们不答。再问:有百分之二十吗?有人点头。再问:有百分之三十吗?有人点头。再问:有百分之五十吗?也有人点头。我没有证据说明我国每年到底有多少人因车祸而丧生,但我以为人数可能接近十万。

　　我在深圳和一位公安交通警官谈到一组对比数字:深圳和香港的人口、面积、机动车拥有量有一定的相似性与可比性,深圳每年死于车祸的人数近千人,而香港每年死于车祸的人数约百人,一河之隔,交通事故死亡数竟相差十倍。由此可见,我国大陆的交通安全事故有多严重,我们的责任又有多重大!

　　我在武汉电视台做节目时说过,人、车、路、环境,四项中的两项同时出现问题,就可能酿成恶性车祸。我说的环境包括自然环境(雨、雾、风、雪)和社会环境(敬重人权生命的社会公德、守护生命健康的社会保障),我以为是对的。数年前,李鹏原总理回答记者提问时说:"人权就是生存之权。"我以为很没水平,很丢人,但要说生命存在是人权之首要,我倒觉得很对的,如果人的性命都保不住了,还谈什么人权?

我年轻时很喜欢裴多菲的诗句"生命诚可贵,爱情价更高,若为自由故,二者皆可抛"。现在想起来,那只是浪漫诗人或伟大革命家的誓言,我等寻常百姓是不必在意的。我活到如今,确实没亲眼见过为了爱情或自由连命都不要的伟大人物,通常情况下,若是三者只能取其一,都会选择生命。

毫无疑问,在 21 世纪,全世界所有的国家,一定会空前地重视人权,所以,我认为,与夺命车祸抗争,挽救生命,是从事道路交通事业者的伟大使命。正因为如此,我在工程硕士研究生论文答辩中,愿意给王勇同学高分,他的学位论文《广惠高速公路交通安全性研究》服务于这一伟大使命。

由学校为迎接习近平考察，拆除道路减速带而想到的

2010年1月，时任国家副主席的习近平来我们学校考察，还在建筑规划学院接见了学生代表，这对学校和学生们来说，都是很值得高兴和光荣的事，当然，事前大家并不知道。几位研究生告诉我，习主席到来之前，学校里几处为保障交通安全而设置的道路减速带被拆除了，很多人对此颇有微词。这使我想起了前两年，我作为省畅通工程专家组副组长在武汉市检查交通管理工作时听到的一件事：武汉东西湖区有一条路段坡陡车多，交通事故频发，交警设置了减速带后，这里就再没发生恶性交通事故了。但有一天，一位省领导的车经过时，大概受到了颠簸，很是不悦，指示"拆除它"，交警虽不愿意，但也不敢违命，只好拆除。万没想到，拆除减速带的第二天，这里就又发生了一起交通惨祸，交警痛定思痛，再次设置了减速带。我没听到事后这位省领导是否内疚与悔恨，但我想，他此后绝不会再要威风，迫使交警拆除道路减速带了。在习主席到来之前，拆除他的车要经过的道路上的减速带，大概是某些人的好心，担心习主席的车受到了颠簸，其实他们干了一件危险的蠢事。记得朱佳林教授对我讲过，习近平下过乡，插过队，朴实亲民，我以为他是绝不会同意只为他乘坐的车不受颠簸而拆除减速带的，再想想，万一拆除减速带后出了交通事故，那会是什么后果？这两件事促使我有了以下几点想法，大家看看是不是有道理。

第一，在道路坡陡、车多、人杂、事故频发的路段设置道路减速带，是一条保障交通安全的有效措施，值得提倡。

第二，当大官的切不可自命不凡，发威风迫使交警拆除颠簸了自己坐骑的道路减速带。

第三，作为下级切不可自以为是，为了首长的坐骑不受颠簸，自作主张去拆除关乎交通安全的道路减速带。

第四，为了减轻道路减速带造成的颠簸，交通工程技术人员应该将

道路减速带设计得人性化一些，例如我在韩国看到的一种道路减速带，宽度增加到 2 m，黄黑线条相间，醒目又减轻了车过的颠簸，设置得就比我国目前使用的人性化许多。赵逵博士对我提过一个方案，在道路减速带每条车道的位置处设置两个间距与车辆轮距相等的断口，断口宽稍大于车轮宽，我以为也是可行的。

可喜的是，我看到了一组我们学校本科学生创新设计的错位减速带和车道压缩减速带，很有创意和人性化。心里也真希望同学们的创新设计能付诸实践，服务于人民。

单双号限行防堵,是无奈、无理、无能之举

北京在奥运会期间实行"机动车单双号限行"措施,以防治城市交通拥堵,营造了北京交通畅通的氛围,为北京挣足了面子,但这种做法也付出了巨大的代价,绝不可因喜而忘忧。现在有一些城市欣然效法北京,更是值得深思。我以为,采取机动车单双号限行措施防治交通拥堵,是无奈之举、无理之举、无能之举,不宜提倡。

有一次,我在武汉市召开的"解决武汉交通拥堵会议"上发言,提出的十点建议之一就是这个观点。正是因为这种措施是"无奈之举",所以我不能反对它。由于发展、建设、规划、管理……武汉市城区的交通状况日益恶化,每当学校开学或节假日将临时,交通拥堵,难以容忍,出此下策,应属无奈,市民也只能被迫接受。但大多数市民的接受,并不代表能改变它的无理本质。据武汉市公安交管局调查统计,因此措施受到影响的市民只占百分之八,似乎可据此认定其合理性——因为大多数人受益,但这是说不通的。在现代和谐的法治社会中,任何人的合法权利都不应当被剥夺,剥夺合法购车者的行驶权不能认为是有理的。实际上,由于限行营造的非正常交通通畅,反过来还将刺激人们购车的欲望,进一步加速城市机动车数量的增加,加重城市交通压力。正因为"机动车单双号限行"是无理之举,所以在实行时绝不应理直气壮,而应诚恳听取意见,取得谅解,心怀愧疚,精心策划,力争将负面影响降至最低。

实行"机动车单双号限行"措施,可降低交通量30%左右,取得立竿见影的效果,这其中没有任何智慧可言,也没有多少科学技术含量,谁都可以想到,没有值得自夸的资本,因为这是无能之举。无能,不仅是规划者的无能和管理者的无能,也是专家的无能,我在发言时问道:"我有解决武汉当前交通堵塞的办法吗?没有!只能说,我同样无能。"承认自己无能,不但需要勇气,更需要实事求是的精神,效果是不一样的。

承认无能,才不会自鸣得意、盛气凌人、沾沾自喜、心安理得,才会兢兢业业、关心人权、虚心学习、用心工作、潜心研究。我以为,这才是我们应采取的态度。

不但"限",而且始于上海市的"拍"(拍卖车牌),始于北京市的"摇"(摇号购车)都应归于无奈、无理、无能之列,广州市对社会半搞突然袭击,甚至可以归于无法无天之列。交通拥堵,可以说主要是由于政府的规划和建设不合理所致。政府决策的失误怎么能让百姓独自承担后果呢? 这也有失公允,人们会问:"为什么先富起来的人买车用车如此方便,待我们后富起来要买车了,你就又限、又拍、又摇,还要对我们搞突然袭击,让我们猝不及防呢? 你将我们百姓的利益和权利放在何处呢?"北京推行的"限制外地人购车"等带有明显歧视性的政策,实际上更带有违背国家大法,歧视不同地域,不同人群的嫌疑,人们会问:"凭什么北京人能购车,我们外地人就不能购车? 凭什么你富有、缴税多,时间长可以购车,我穷些,就不能购车,反而购车成本要高些?"于理于法都是说不通的。

不要以为除了"限""摇""拍""突然袭击"这些馊主意,防治交通拥堵就没有办法了。别说其他先进国家,就看看我国的香港、台北、高雄,这些地方的交通为什么远不如北京、武汉堵得严重呢? 还不是得益于那里执行着可持续发展的城市规划,得益于那里大力发展公共交通,得益于那里构架成了多种交通方式和谐配合的交通体系。

上海世博会安检设计的重大失误

上海世博会安全举办,广州亚运会和残运会也已闭幕,我可以说一说上海世博会安检设计的重大失误了,这话说早了,可能闯祸。我两次在客流高峰期进入世博会,目睹安检模式的重大隐患,很是担忧。我看上海世博会安检采取的是蛇形单路排队单通道服务模式,按 M /M/1 系统设计,该系统模式的优点是能最大限度地利用排队场地,其最大弊端是排队系统人群密度过大,这个弊端对于安全则是致命的。上海世博会安检系统排队区是由若干组固体隔离护栏组织的单路蛇形队密集构成的,排队者前后左右难以自由移动,当成千上万的排队者聚集在该排队系统中时,无疑为恐怖分子施暴提供了绝佳的条件和场所。实际上,上海世博会的安全举办,并不是由于安检的保障作用,而是因为我国整体的安定和安全,安检充其量只是对犯罪分子起到了一点威慑作用。到世博会出入口观察过安检现场的人,可以想到:通过安检的人可以迅速疏散开去,但排队等候安检的成千上万名密集排队者完全不可能自由躲避,一旦恐怖分子施暴,他们是何等地被动、恐惧与无助。这种安检设计的失误就在于它保障了安检后场馆区的安全,而营造了安检前排队区更为巨大的安全隐患,这种安全设计理念在今后可能有巨量人流通过的安检场所一定要摒弃。

安检设计的原则主要是保护人,并不是场所;而保护场所,也是为了保护人,不但要保护通过安检的人,也要保护安检系统中接受服务的人,还要保护排队系统中的人和等待进入排队系统的人。人,是第一位要保护的。对于像上海世博会这类有巨量人流进入的场所的安检设计,应该采取单路排队多通道服务模式,按 D/D/N 系统设计,单路排队之间应有足够的安全距离,这个距离可以由服务通道数来调整。只要科学设计,D/D/N 系统和多个 M /M/1 组合系统的效率是一样的,排队系统中的平均消耗时间和等待时间可能更少,其缺点是排队场所利用率较低。为克服这个缺点,必要时,可以缩短排队系统的单路排队长度,甚至增设进入安检排队系统的预排队系统,预排队系统可以相对宽松和自由。这样的设计一定更为安全,也可能更为有序、宽松与灵活。

推行城市"连续交通"的感悟
——小人物可坏大事

　　我和王进老师在大冶市,尽力为实现一条路的连续交通而努力,目标能否达到,尚未可知,而意外遇到的两位奇人,使我顿悟:实现宏大目标,细节很重要。

　　这两位奇人,一位叫李丙需是一位身穿旧军装,胸佩军功章,在大冶街头坐凳卖书的退伍老军人;一位叫杨斌,是一位精明干练、满腹经纶、忧国忧民,参与承包一条道路施工工程的年轻老板代表。李老人是在十月风暴中亲手逮捕江青的原8341部队的解放军战士,杨老板是在六四风波中于长安街上,在连长口令下射完一匣子弹后撤离北京的原某部队某连的解放军战士。他们述说的细节很平静,但却惊心动魄,我顿时认识到:任何重大目标的实现,是离不开行动的细节的,而人们往往忽视这些伟大的细节和执行这些细节的伟大的小人物,这是不公正的。

　　忽视历史细节,是模糊历史和伪历史常用的手法,而"模糊"和"伪"是有害于总结经验教训的,社会科学与自然科学,莫不如此。我再说回到"连续交通"的事,这事对我来说可算件大事,近十余年来,我一直在为此项技术目标的实施而奔波。提起连续交通技术,对于我,应该说最早受启发于一本前苏联的教科书《城市道路与街道》(多年前我曾同北京工大的任福田教授商议将它翻译出来,因我的懒散而未能实现)。在俄语里,城市中的路,准确地说应称为"街道",其与广义上的道路有一定的区别,所以我对在书中提到的"不间断交通"有一个感受:城市中的"不间断交通"与城市外高速公路的"不间断交通"是不一样的。

　　后来在学习印度昌迪加尔规划和英国凯恩斯城规划时,我对交叉口远引、限左和各种形状和大小的环形交叉有了一些新的体会,结合智能化交通控制,我十分钟爱城市中的连续交通技术,我想这样定义它:综合应用道路工程技术、交通控制技术和城市规划技术,实现在城市道路上行驶的机动车不间断,且与行人、非机动车和谐通行的系统工程技术。这些年我一直在宣传、实践连续交通技术,在海南、浙江、湖北、山东,只要有机会,我就推荐它,在美国、中国台湾开会,我也谈它。当然也有一些成效,海口市保税区规划局长王俊刚来看我,我还和他谈起,他当年在琼山市江东当建设科长时,我们为在江东新区建设连续交通道路的艰辛,想当年,没有我们这些小人物的努力细节,是不可能有今天的成效的。

小人物的细节既是成功的保障,也是可能坏大事的,切切不能小视它。最接近实现理想的城市连续交通技术的一次机会是在美丽的湖北省咸宁市,湖北经济技术开发区在那里规划了三十余平方公里的用地,刚刚起步建设时,咸宁规划院院长引荐我们认识了主管建设的王副主任,当他听我们介绍了连续交通技术时,很是高兴,他说:“开发区的建设,我说了算,我向市长汇报就行,在我这开发区一定要实现。”我们很是兴奋,不计成本地进行了规划、交通控制方面的研究,甚至完成了道路施工图设计,也已动土施工,前途一片光明,在我眼前,甚至优于昌迪加尔和凯恩斯的城市连续交通系统就要实现,中国也将拥有一座和谐的连续交通城市了。

没想到,一个小人物的一个细节发生了:突然从通山县调来了一位懂政治但基本不懂规划和建设的熊副主任,要命的是新的副主任虽然比老的副主任年轻,但级别却更高,是位管副主任的副主任,显然,他在市长那里有更大的话语权。他要显示自己权威的举措之一,便是推翻老副主任的决策,这真的十分遗憾和无奈:一个小人物的细节坏了我们的大事! 所以我想,根据李丙需告诉我,他和张耀祠一同抓江青的平静过程,只要李丙需,或者那位司机战士的行动细节一出差误,重大的历史事件就可能重写! 小人物和细节就是如此的重要。

第三篇　规划人生

规划人生——我们的圣经

2014年5月,我回家乡探亲访友,泌阳县第一高中的王校长要我给毕业班同学作一次励志报告。我不敢怠慢,着实思考、准备了三四天。面对整齐排坐在大操场,朝气勃勃、满目向往、静静聆听的三千多名应届高中毕业生,我以"我的大学,我的梦"为主题,诉说着对他们考上大学的期盼。我知道,考上大学,对他们来说是多么重要的事情,但是,考上大学之后,他们又将面对些什么呢?

2014年4月,以武汉大学前校长刘道玉的名字命名的教育基金会,于北京召开了"理想大学"专题研讨会。会上,北京大学著名教授钱理群忧虑地说:"我们的一些大学,包括北京大学,正在培养一些精致的利己主义者,他们高智商、世俗、老道、善于表演、懂得配合,更善于利用体制达到自己的目的。"钱教授更大的忧虑是:"这种人一旦掌握权力,比一般的贪官污吏危害更大。"这种忧虑虽显偏激,但不无道理,只是板子一味打在大学身上,却不得要领;政府和社会才是主要责任者。我以为,关键还是在于:需要仰望星空,才能建立起信仰与普世价值观。问题是,星空在哪里?

我不信某些学者有关"世界四大文明,唯有中华文明源远流长,发扬光大"的鬼话,也不信我们能"代表先进文化",断定灿烂星空就在我们的头顶。世界先进文化是全人类共同创造、共同拥有,也应共同享用的财富,我们不能自恋,声称"永远不学别人那一套";也不能自我鄙视,看不到其实我们也有自己的圣经。西亚文明有《可兰经》,南亚文明有《佛经》,欧洲文明有《圣经》,我们东方文明靠什么贡献于世界,靠什么来塑造自己的核心价值观呢? 我想,可以靠《儒经》——《论语》与《孟子》。

文化是什么? 语言、文字、文学、诗歌、服饰、饮食、绘画、建筑、风俗、宗教……这些都是文化的构成。你去欧洲,去西亚,去南亚,如果能去世界各地看一看,就不会认为只有汉语、方块字、唐诗、京剧、唐装、筷子、国画、大屋顶、有毛泽东思想等才是先进的文化了。声言别人的文化都将没落,唯独自己才最先进的人,不是无知,便是别有用心。更加严重的是,我们自己长期忽视,甚至糟践着自己的圣经——《论语》与《孟子》。

《论语》和《孟子》,如同《佛经》《可兰经》《圣经》一样,记录着圣人们的言行和事迹,规范和指导着信徒的行为,塑造和完善着他们的普世价值观。只是总有人对我们的圣人不敬、误解、伤害,甚至想取而代之,这是我们中华民族的不幸。"文革"时,批陈、批林,要拉来批孔作陪,这很可笑,也很可悲。记得当时声讨孔子的罪状是"愚民"和"忠君",证据是"民可使,由之;不可使,知之""臣事君以忠",这是封建思想,阻碍了历史发展。批判儒家愚民是很可笑的,孔子是教育家,他说的"使"是动词,指使唤、行动,"可使"是指"可以使唤,会工作,能行动",那就放手"由"他们自由地去发挥,不用对他们指手画脚;在他们不知道怎样去做时,便去"知之",教育他们。这才是教育家孔子的本意。至于批判儒家"封建忠君"思想,更是断章取义。孔子是说过"臣事君以忠",但那只是后半句,前半句还有"君使臣以礼"。他对君,是有要求的,甚至更严。儒家对"汤放桀,武王伐纣"持赞成态度,孟子曰:"贼仁者,谓之贼;贼义者,谓之残。残贼之人,谓之一夫。闻诛一夫纣矣,未闻弑君也。"君不仁,人皆可诛,能说孔孟之道是"愚民忠君"的落后价值观吗?更深一步,孟子的民贵君轻论,完整的是"民为贵,社稷次之,君为轻"。这种认为民权、民意、民生重于国,更重于当权者的思想,就算在当代,恐怕也是先进的价值观。

回到励志上,还有能比"天将降大任于斯人也,必先苦其心志,劳其筋骨,饿其体肤,空乏其身,行拂乱其所为,所以动心忍性,增益其所不能"更打动人心的吗?信者灵,只要心底信仰《论语》《孟子》,如同西人信仰基督《圣经》,我们定能为世界先进文化和价值观作出贡献,我们也才会有坚定的信仰和骄人于世的价值观。

"农民工"的价值被低估

人民币的价值是否被低估了,我还真说不清,但是,"农民工"的价值被低估了,我以为,是人都知道。

记得有一次看凤凰台的《锵锵三人行》,巧舌如簧的国企房产大鳄任志强竟顶得名嘴窦文涛、陈子东张口结舌,真是叫我见识到了什么是"墙上芦苇,头重脚轻根底浅;山间竹笋,嘴尖皮厚腹中空"。据任大鳄说,北京建筑工地大小工的日工资涨到了一百元,他都快用不起了,而北京的房价涨到两三万一平方米并不算贵,至于在北京干了十几年还买不起房的农民工(还包括许多北漂白领),压根儿就不应死气白赖地待在北京,至于像他这样的国企老总,年薪百千万倒是合情合理的。

城市化历程是人类社会发展的必然历程,它的重要标志就是城市化率的不断提高,也就是农村人口不断地向城市转移,变为城市人口。在城市规划科学的理念中,城市人口分为基本人口、服务人口和被抚养人口三类。所谓"农民工",他们在建设着这座城市,他们属于基本人口——决定城市规模而不是被城市规模所决定的人口。城市不但应为他们配备一定比例的服务人口——如政府公务员、中小学和幼儿园教师、医生等(或者他们也可能就是服务人口,如商店的售货员、街道清洁工等),而且还要保障他们的被抚养人口得以生活与成长。他们的劳动价值应能足够保障他们和他们的被抚养人口在这座城市里能有尊严地生活。如果他们的劳动所得不足以负担他们在这座城市里有尊严地生活,那就说明:或是他们的收入过低,或是城市里物价过高。简单地说,就是他们的劳动价值被低估了,应该说,是人都知道这个道理。我在咸宁市规划局和规划院作讲座时曾说到,如果我们没有为包括"农民工"在内的全部城市人口,提供可以有尊严地居住的住房,那么,我们的规划设计和规划管理就是不合格的,所以我们必应规划和建设足够的廉租房和经济适用房。

"农民工"的价值被低估了,那么谁的价值被高估了呢?显然,像任志强这类国企高管的价值被他们自己高估了。我认识一位美国朋友，他说他在美国大选中从不投票，我很好奇地问他："你不关心谁当你们的总统吗？"他的回答很令我惊讶，他说："在美国，选个蠢猪当总统也是一样的，因为制度决定了。"我不认为这位美国朋友是在骂自己的总统，而认为他是完全信任，或者完全不信任美国的制度。套句他的话，我们的很多自以为价值连城的国企老总，就是换个蠢猪当也是一样的，因为体制决定了。

一位国企老总和一位工人（包括农民工）的价值比大约等于多少呢？想到 2009 年《时代》杂志的封面人物，我以为很有象征性：年度封面人物第二名是四位深圳女工，我国的国企老总还没资格登上《时代》杂志的封面，他的价值充其量也就是普通工作人员价值的四五倍嘛！不信你试试，从我周围的年轻老师和学生中挑选两三位放在他那个位置，会有什么不一样吗？

季羡林先生作学问做人讲究一个"真"

说来很惭愧,在电视台播出温家宝总理去医院看望季羡林先生的新闻之前,我对季老几乎一无所知,只是模模糊糊地知道,他是一位研究人文科学的北大老教授。温总理都如此尊敬的老人,想来必有其非同一般的感人经历、思想和贡献,于是我才去书店买了季羡林先生写的几本书细细阅读,才开始关心有关对他的介绍,才知道季羡林先生确实是一位值得尊敬和爱戴的长者。对他的离去虽不感到突然,但总感到惋惜与感伤,也想写点什么对他表达悼念与怀念。我认为,季老最感动我们,最值得我们尊敬、学习、继承和发扬的是他留给我们的"真"。

季老是一位真做学问的学者。虽然他研究的梵文、吐火罗文我一窍不通,但他那种真做学问的精神很令我敬佩。有人问他研究的学问有什么用,他说他只问自己的学问研究得精不精,不问有什么用。他在五十五六岁时正赶上"知识分子的冬天",那时他在"牛棚",分配的工作是挖大粪、看大门、守电话,但他就在那样的环境下"雪夜闭门写禁文",翻译完成了两百多万字的印度大史诗《罗摩衍那》,他为自己的研究成果欢欣鼓舞,自谓"此乐不减羲皇上人"。在看惯了争课题、争经费,看惯了数据造假、论文剽窃的今天,真做学问的季老正是我们的镜子和必应学习的榜样。

季老展示给我们的是一位真实的世纪学者。他为自己的学问自豪、快乐,他为自己的品格自信、骄傲,但他拒绝包装的外衣。在我们的心目中,他就是大师、泰斗、国宝,但他拒绝,他真诚地说他不是,然而他又毫不犹豫地宣扬自己的品德。可能应了句老话,"世无英雄,遂使竖子成名",或是"山中无老虎,猴子称大王"吧,社会和人民太盼望英雄与泰斗了,何况季老远比竖子和猴子要高贵与高尚。看看吧,有多少自称或自谓的"大师""大王"自视为"改变了中国"的"英雄",他们敢将自己的真实过去、真实思想、真实作为像季老那样坦荡荡地展示在世人的面前吗?

123

季老在说真话。他的散文著作就像巴金的《随想录》一样，都是说真话的书，我们这个时代在呼唤真话，也太需要真话了。季老说他自己"完全不说假话，真话不说完全"，完全不说假话是他做人的本愿，真话不说完全是因为他知道，真话说得不是时候是要倒霉的，而他绝不愿再倒霉了。但他在老年的时候似乎要把真话完全说出来，因为他老了，他真的不怕，也的确无霉可倒了。我还记得，巴金的《随想录》是在他老年时写的，赵丹的真话是他在临终的病床上说的，"人之将死，其言也善"，这是很可悲伤的现象。现在常说"信仰危机"，我是不认同的，社会主义的民主、自由、平等何等的幸福，共产党的"为人民服务"何等的好，我的信仰没有动摇，动摇的只是"信任"，恢复信任其实只要两个字——真话！台上的人号召台下的人"学习雷锋好榜样""为人民服务"，而自己却在那里偷鸡摸狗、贪污享乐，人们能"信"吗？没有真话，信任就会瓦解；没有信任，信仰就会坍塌。所以我想，学习、继承、发扬季老说真话的品德绝非一件小事，自然也决非一件易事。我敢将真话说完全吗？不敢！然而不说真话是成不了泰斗、当不了英雄的，而缺乏泰斗、英雄的国家是难以前进的。

追思我的老师李泽民教授

七律

追思我的老师李泽民教授

拜师五十二年前，[①]

寻路随君登马鞍。[②]

遍查立交上京都，[③]

初试交规下海南。[④]

教授一世为铺路，

晚生三思勤攀山。

仰望天国揖尊师，

路路通达慰君愿。[⑤]

　　2011年，《城市道路交叉口设计规程》(CJJ 152—2010)终于发布，并于3月1日实施。4月，住建技术中心举办有关这个规程和快速路设计规程的高级研讨会，在武汉，请我就交叉口设计规程作讲座，快速路方面则由崔健球先生讲。我讲座的PPT的第一张便是上面那首我在前一天所写的、追思该规程的主要起草人——我的老师李泽民教授的一首七律。

　　在我国，类似的技术规范更新、编制的周期过长，往往一些新技术、新理念不能总结进去，致使其先进性受到影响，这是件很无奈的事。我们华中科技大学负责主编的《城市道路交叉口设计规程》立项于1996年，完成于1999年并通过专家评审，那时，这个项目的主持人李泽民教授还健在，负责协调、修补、定稿，等到规程发布，李教授已经仙逝，作为首位主要起草人，其名字不得不打上黑框。

　　李泽民教授是我大学时期的老师，他在1983年重建武汉城市建设学院时，力荐我从华东石油大学（原北京石油学院）调到武汉，从那以后，我一直跟随李教授，从事交通工程专业的教学、研究与工程实践工作。20世纪80年代末，李教授年事已高，退居二线，又举荐我接任他一手创建的交通工程研究所任所长。20世纪90年代初，学校委派我赴海南省建立规划设计研究分院,任法人代表、院长,李教授任总工程师,全力帮助我,直到我被免职。据说,还是李教授在校党委会上力证,当时在海南,设计院有时支付甲方回扣费是正常的,我才得以在财务审查中顺利过关。

记得李教授最后一次去海南,大概是在合校以后的 2001 年,当年他老人家刚退休,已是七十七岁高龄,但看起来身体还算硬朗,那时,我负责我们交通专业研究生的教学工作,正带着几位研究生在海口做项目,师母打电话告诉我,李教授想再到海南看看,我当然欣喜照顾。他和师母到海南后,仍住在我们当年从事规划、建筑、市政设计,白手起家赚的钱,为学校买的那栋三层楼房里,研究生们都非常敬仰他,大家很是亲密。

一天,中国城市规划设计研究院海南分院院长易翔找到我们,说海口公安交警为应付检查,一周内就要一份"海口交通管理规划",他们无能为力,一定要我们帮忙应急,还撂下一句话"费用好说",我当然很为难,这么短的时间,怎么能完成呢?还是李教授说:"可以先给他们提交一份大纲性的成果,待应付过检查,再作交通调查、预测和规划。"李教授硬是伏案工作四五天,完成大纲文稿,再由研究生们绘图、打字、成册,完成任务,我永远记得李教授的交代:"不要按要求收人家的规划费,我们提交的并不是合格的规划成果,他们应付检查后,咱们再按照规范要求,正式去做规划。"谨遵师训,我只要了人家一万元成本费,也就用这笔钱,我又陪同老师从海南到深圳,走了一圈。

在深圳,两位老人家做客我女儿位于东海花园的家中,对比他在美国的亲戚朋友的生活,他感慨地说道:"国家发展得真快,我们的孩子们赶上了难得的机遇,是很幸福的。"我想,李教授联想到自己一生的风风雨雨和辛劳奉献,一定是对我们后辈满怀祝福,也对幸福晚年充满着向往与留恋。没想到,这次海南、深圳之行,竟是他老人家最后一次远行,"海口交通管理规划大纲"竟是他老人家的收山之笔。

2002 年春天刚过,他老人家与世长别,享年七十八岁,当时,我带着我们专业全部在校研究生扶棺送行。李教授有个遗愿——修编他为我国城市规划专业主编的高等教育教材《城市道路与交通》。李教授多次对我说,这套教材已经用了十几年,内容系统、完整,很适合我国规划专业,但内容上需要加进近年来的一些科技成果和实践运用经验,尤其迫切需要增加现代交通规划的新理论。又说,这本教材是他主编的,只能还是由他牵头修编,希望我能协助他,参与修编。可惜我一直忙于琐事,未能协助我的老师完成他的遗愿,这是件很遗憾的事。

注:①1959 年,我考入武汉城市建设学院城市规划与建设系时,李教授任系主任。

②1982 年,武汉城市建设学院重建于马鞍山,李教授任系主任。

③1988 年完成的《城市立交桥选型》项目由李教授主持。

④1990 年,武汉城市建设学院海南规划设计分院建立时,李教授任顾问总工。

⑤1999 年《城市道路交叉口设计规程》通过专家评审,2002 年李教授谢世,2011 年《城市道路交叉口设计规程》发布实施。

追思我的老师赵骅教授

2011 年 4 月初,在武汉,同上海市政设计院的崔健球大师谈起赵骅教授时,很是感慨,我说赵骅教授是我的老师,崔大师说也是他的老师。崔大师 1958 年毕业于同济大学,那时赵骅老师在同济大学任教,教授"道路交通"。我于 1959 年考入武汉城市建设学院,第二年,赵骅老师调到武汉城市建设学院任城建系副主任。当年,同济大学、重庆建工学院、哈尔滨建工学院、武汉城市建设学院等同属建工部管辖,新成立的武汉城市建设师资力量缺乏,建工部便从同济、哈建工、重建工调来了许多教师,赵骅老师是其中最有学者风范的。那时,武汉城市建设学院的教授不多,学生们对教授很是敬仰,赵骅教授给我们讲授"道路交通",所用教科书的封面是天蓝色的,由武汉城市建设学院与同济大学合编,主编赵骅,参编杨佩昆、徐循初。追索起来,这大概是我国首部系统阐述道路交通工程学的著作,所以我总以为,说我国的交通工程学,是由于 1984 年张秋先生来大陆讲学才开始引进的,是不确切的。其实,在 1959 年出版的《道路交通》中,对于汽车动力特性、车头时距、通行能力、交通安全、交通控制等都已有系统的论述。赵骅老师精通俄语,我们学生也学俄语,我们的其他教科书基本上都是翻译于前苏联高等学校的教材,但这本《道路交通》却是我国自己编写的。这本高等学校教科书也可能是学习苏联理论体系的,但由于编写者是我们自己的学校、自己的老师,所以我们对它有一种特别的感情——亲切、骄傲和喜爱。再加上赵骅老师教学精彩,讲课认真,板书清晰,循循善诱,我们城建 6301 甲、乙两个班的同学都喜欢这门课,这门课的成绩也好。我以为,当年从武汉城市建设学院城乡规划与建设专业毕业的学生,之所以那么多人终生在道路交通领域工作得心应手,全都是得益于赵骅老师和李泽民老师的教诲。

由于我在班上担任过学习委员、班长,我的"俄语"和"道路交通"成绩又好,所以同赵骅老师联系多些,他也甚是关心我。毕业时,赵骅老师送给我一份特殊的礼物——当年全年的苏联杂志《公路》(俄语版)和两本原版《苏联建筑》(APXNTEKTYPA CCCP)。20 世纪 80 年代末，我提出"道路立体交叉等级设计"理念，就是受启发于赵骅老师送给我的原版《苏联建筑》中的一篇文章，我只是应用交通流穿越空挡理论作了定量的研究。

1964 年春，我毕业分配到山东省济南市；1965 年，武汉城市建设学院停招本科生；1966 年，"文革"轰轰烈烈地开展，这对于献身于大学教育的赵骅老师无异于灾难。当年，学校将新落成的乳白色硅酸盐科技楼三楼分配给赵骅老师安家，由于师母工作尚未调来，老师慈祥的老母亲便一直住在科技楼三楼，照顾着这两人之家。新的城市建设学院、新的城市建设系、新的城市建设专业，浸透着赵骅教授的心血和汗水，眼看一堂课又一堂课教出来的学子，一班又一班地走出校门，投入到建设祖国的行列中去，他自然是欣喜又心酸——欣喜的是，看到自己用心血和汗水教育的学生已经成材；心酸的是，他将要失去自己心爱的课堂与学生。

再见到我尊敬的赵骅老师是在 1968 年前后，那时我在济南城市规划设计院工作，由于当时的"济南市防洪工程"由华东市政工程设计院主持设计，我们配合做些道路桥梁的设计，也才得知赵骅老师于"文革"期间调回上海，就在华东院管理情报资料。那年，我去上海出差，去看我的老师，他在资料室忙碌，也还在被当作"反动学术权威"接受批判。打听得知，我们道 8 班的一位校友正是领导班子的成员，也是由于他的关照，赵老师倒是没受体肤之罪，也算是不幸中之幸事。

十年"文革"过去，百废待兴，教育为首。1978 年，上海筹建城市建设学院，赵骅教授走马上任，加入了筹建的队伍，还是当他的系主任。同济大学交通学院晏克非教授告诉我，当年，就是赵骅教授将他从山西调回上海城市建设学院，作为他的教学助手，所以，晏教授说赵骅教授也是他的老师。晏教授还告诉我，赵骅老师为人极宽厚，对晚辈教诲极耐心，做学问极严谨，他当时兼任着学院教工会主席的职位，还亲自动手编写"道路交通工程与设计"课程的教材、教案。十分不幸的是，教材、教案完成后，还没来得及走上讲台授课，赵骅教授自己却于 1983 年永远离开了我们。晏教授说："我就是手拿着赵骅教授亲手编写的教材、教案第一次走上大学讲台授课的。"

赵骅教授走了,甚至他的得意学生、他的助教徐循初教授也走了,他的学生晏克非教授也退休了,我也退下来了,他亲自教授的学生大概都已经退休,但是,他的许多学生的学生已经又是教授了,所以,又可以说赵骅老师没有走,他永远也不会走,他的精神没有走,他还在同他的一代又一代的学生们,沿着他为之奋斗终生的道路走啊走啊,一直走下去……

写到此,我想为我的老师赵骅教授献上一首词:

如梦令

念,

道路交通君为先。

三生幸,

拜师马坊山。

叹,

劫后重新执教鞭。

君去也,

学问师范哺人间。

追思我的老师余树勋教授

余树勋教授是中国风景园林高等教育最卓越的开拓者之一、中国首届风景园林终生成就奖获得者,他为我国风景园林教育事业做出了杰出贡献,于2013年10月20日在北京仙逝。2014年4月27日,中国风景园林学会在华中科技大学主办"余树勋先生缅思会",我是作为原武汉城市建设学院风景园林系党总支书记的身份应邀出席缅思会的。但我说,我是余教授的嫡传学生,临场,写就一首七律,念出来,献给我的恩师:

七律

先生仙逝已历载,

恩师音容今犹在。

马房山高授《园冶》,

香山林密育英才。

植松栽樱护蓝天,

造景营园美家宅。

告慰泰斗平生愿,

风景园林继开来。

1959年夏,我考进武汉建筑工业学院城建系城市规划与建设专业。第二年,学院改名为武汉城市建设学院,城建系也增设了一个专业——园林绿化,并调进了一批园林绿化专业教师,余树勋教授是这批教师中最德高望重的,兼任城建系副主任。那年,余树勋教授为规划专业和城建专业主讲"园林绿化规划与设计"这门专业课,他的渊博学识与翩翩风度使得我们对这门课程和任课教师喜爱有加。余教授为我们非园林绿化专业制定的"园林绿化规划与设计"课程的教学大纲和授课计划特殊又精心,包含园林植物、园林规划设计、园林工程等系统内容,由三个领域的教师分别讲授,余教授园林规划。

20世纪70年代初,我所工作的石油学院刚从北京搬迁到山东省东营市。一所绿树成荫,高楼林立的京城现代化大学新来乍到这棵树不长的盐碱滩，环境落差实在太大，以至于担任过大学一把手的康斌院长要亲自兼任绿化委员会主任，并点名要我负责园林绿化研究与规划设计。我能不负众望，主持将盐碱滩上的东营中国石油大学建成园林式校园，所有的园林绿化知识都是得益于余教授和他教研室中老师的教导。

余教授调到科学院香山植物园工作后，我曾两次借出差北京的机会到香山拜望过他老人家，可惜都正值他出国访问考察，未能如愿。2014年3月，在河南省参加"太极之源"陈家沟规划研讨会时，北京林业大学的梁伊任教授告诉我余树勋教授去世的消息，当时十分后悔没在退休之后专程去北京看望先生，竟成终生遗憾。

在缅思余教授的会议室里，来自全国各个大学、植物园、博物馆、园林局、学会、杂志社等风景园林领域的专家、学者、教授，大都白发苍苍，也都受到过余教授的教诲。参加缅思会的还有一些年轻的学者，虽然没能亲耳聆听到余教授的授课，但余教授开拓创建的风景园林科学与艺术深深地吸引着大家，他们用自己的学术研究成果在缅思会上向余教授报告，告慰余教授，他所开拓的事业正在历程"传承创新、继往开来"的春天。余教授留下的最后声音"要将绿铺满大地，要将美铺满大地"的教导和遗愿，也还有待一代后生去实现。

我认识的几位规划建设领域的右派（1）

我在前面的文章《巴黎塞纳河上的桥，真的是美轮美奂》中写到，济南护城河上琵琶桥的设计者张国良是我认识的第一位右派，其实不确切，因为那时他好像已经"甄别"了。按词意看，似乎是还他一个清白的意思。

南北朝时期，梁之才子沈约和皇帝闹了点误会，心灰意冷，作《长歌行》抒怀，其中有"初节曾不掩，浮荣逐弦缺。弦缺更圆合，浮荣永沉灭。色随夏莲变，态与秋霜蚕。道迫无异期，贤愚有同绝。衔恨岂云忘，天道无甄别"的诗句。可见，沈约期盼不到的甄别，张国良是盼到了。不过到了"文革"时期，"甄别右派"与"右派分子"的待遇是没有什么区别的，同属"只许老老实实，不许乱说乱动"的"五类分子"。

我是"文革"前认识张国良工程师的，"文革"开始，我又认识了我所工作的济南市城市规划设计院另一位右派分子曾天民，他好像是民国时期中央大学毕业的，是勘测队的技术权威、一位高度近视但黝黑体健的中年工程师。不过他似乎没有张国良走运，属于"摘帽右派"，"摘帽"和"甄别"在反右斗争史上大概是有区别的，但他们都被警告"你们的帽子拿在群众手中，如不老实，随时都可以给你们戴上"，其实他们才真是"文革"中老老实实的"逍遥派"。

"文革"初期，我有缘和他们同在一个"牛棚"里呆过，故而对他们颇有些了解与"棚友之情"。牛棚里除了他俩老实外，其他人都不太老实：被党委抛出来的走资派陈仕鹗是位工人出身的才华横溢的技术干部、规划组组长，他很不服气，只承认有错误，坚决不承认反党；毕业于同济大学规划专业一位文采飞扬、写得一手好字的年轻规划师吴延，只因他的名字叫得不巧，被党委书记张惠卿一张大字报《吴晗与吴延》打入了牛棚，搞得他十分愤懑与茫然；我则因写了一篇《历史剧、历史人物、剧作家——兼与姚文元同志商榷》被打入牛棚，我承认反对姚文元的"清官坏贪官好论"和"对吴晗无限上纲"不对，但这只是认识上的问题，不是反党、反社会主义;还有一位棚友叫于茂堂,是位中年建筑设计师,他画的设计图中几棵树的平面图与国民党党徽一样有十二个角,因他出身旧官僚,故批判他妄图变天,他当然大呼冤枉。这牛棚中还进来过济南市的副市长徐衍梁,他曾任山东齐鲁大学教务长,是位民主党派人士,他的祖上好像当过清末的县令,在他家破四旧时搜出了一只令箭,好生了得!后来,党委书记张惠卿自己也被打成走资派,关进了牛棚,煞是热闹。棚友中,就数曾天民最忙,也最老实,勘测队室外作业他得参加劳动,改造思想,下班后室内作业需要他检查,技术报告得他编写,完成了技术工作后又得马上回到牛棚脱胎换骨,但他毫无怨言。尤为难得的是,每次早上出外勘测前,总要将他作为靶子,让他低头弯腰批斗一番,他则总是低头弯腰 90°,回答干脆:"是、是,我老实、我老实,绝不乱说乱动。"到了现场测量钻探时,他干净利落,动作规范,中规中矩,书写技术报告清楚明确,从不出错。现在想起来,这是一位多么忍辱负重、兢兢业业的科技知识分子啊!

我认识的几位规划建设领域的右派(2)

　　1973年春,我调到华东石油学院(中国石油大学前身,北京石油学院后身),那是我妻子工作了十年的单位。著名的八大学院之一的北京石油学院迁到这盐碱滩上已经四五年了,所有的房子都还是土坯房,名叫"干打垒"。工农兵大学生进校,教室、宿舍、实验室、图书馆等这类功能性大学建筑,土坯房显然是不能胜任的,我可以讲授的储运专业的专业课还没定下来,正好去基建处先搞我的本行——设计。正是在这里,我认识了另两位让我感动至今的右派——武亚柏和钮薇娜。

　　武亚柏在基建处做工程造价和材料计划,年龄最大,戴副老花眼镜,一天到晚伏案埋头打竹算、记账目,兢兢业业,绝少言语,只是偶尔发言说句话,无不掷地有声,别有一番气势。但他看不懂稍复杂点的图纸,常极虚心地问我,好学又认真。看得出,他在基建处有威望、没位置,他只管他面前的笔、纸和算盘,但所有的人都可以管他。我初到那里时,好生奇怪。后来老瓦工李师傅偷偷地告诉我:"老吴是北京石油学院的老革命,抗日时期在东北当过县委书记,石油学院成立时,派来任院党委常委。1958年整风补课,被打成右派。"原来革命干部不但可以把别人打成右派,而且竟然也是可能被别人打成右派的!这真的叫人吃惊。1979年前后,党中央开始在全国范围内纠正1957年反右派斗争的错误,老吴的情绪有了变化,显然愿意和人交往了。20世纪80年代初的一个春节前,我回武汉探亲,他让我给武汉工学院(武汉理工大学前身)党委的一位领导捎带一封信,他对我说,那是他的侄儿,二十几年没有联系过,不知还在不在那里。春节过后,我去到武汉工学院,一问办公室值班人员,很快找到了这位院领导。当时在这位领导家里说了些什么,他又让我给老吴带回去什么,我完全记不得了,但是他眼含泪水对我说"我叔叔打小带我出来参加革命,但自那以后,就再没见过他了"时的凄苦神情,却是印象深刻。我明白,"自那",指的是老吴被整风补课打成右派之后,我似乎明白,老革命干部被打成右派后,亲情与

135

革命情都要准备两相抛啊！真是加倍地心酸。

我最为熟悉、最为敬佩，也最具有那个年代知识分子敬业精神和爱国心的钮薇娜大姐，是科学与工程两院院士周干峙在清华大学时的同班同学。只因她在1957年鸣放初期，向在1953年"镇反"中挨整的设计室主任道过歉，而她解放前在高中读书时，又曾经参加过三青团，致使被打成极右份子。判刑入狱时，她年仅二十九岁，那年，青春朝气的她是建筑工程部部属设计院的建筑师，正在做中南海建筑群的改扩建建筑设计。老钮大姐如今八十多岁了，我很难以一文章写出她的高尚品德，她所承受的苦难以及她和她的家庭的传奇经历，请允许我慢慢叙及。

我和钮薇娜大姐在中国石油大学共同数年，她的坎坷经历，坚强毅力和高贵品德是我多年来教育、激励我的子女和学生以及我自己的榜样。我敬佩她出身名门而满情热情地投入到社会主义建设中去的真诚，敬佩她遭遇不幸而忍辱负重、敬业敬人的品格，敬佩她平反昭雪后淡定生活又奋发工作的热情，敬佩她延聘退休去美国"再就业"、努力工作十余年直到"再退休"的意志，敬佩她拿着中美两国退休金而热爱祖国、留恋故土的情怀，敬佩她饱受打击委屈而对追随中国共产党无怨无悔的胸襟，也敬佩她过了"从心所欲之年"仍在学习电脑、不断笔耕的精神。看过她写的《错位》与《青山夕照》两本纪实散文集后会想到：她属于他们那一代优秀知识分子的某一类典型。我敬佩她并不亚于我对两院院士周干峙的敬佩。他们俩是清华大学同学，1983年我认识周干峙时，还是钮薇娜介绍的，那时周干峙在天津市任规划局局长。周院士也是属于他们那一代优秀知识分子的典型，只是他是属于幸运与一帆风顺那一类型的，所以我对钮薇娜大姐的敬佩中还多了一份感慨和心酸。如今，我也进入"从心所欲之年"了，我这一生也是沟沟坎坎，虽与钮薇娜大姐不能相比，但心路还是相通的，所以2009年我写了一副对联赠给她，作为以牛年向她虎年贺喜，当然也是送给我自己：

上联　牛市熊市上上下下回首看还是平局想来一笑
下联　虎气猴气蹦蹦跳跳抬头望尚有余力再过半生

至于横幅，若为了表达在牛年对虎年的祝贺，就用"虎年牛气"，若是想表达心路的经历，就用"无悔人生"吧！

最后，我要谈到的是我舅舅李义成。其实，他并不是右派，但在全国为右派平反(或曰改正)高潮期的20世纪70年代末,他费心九牛二虎之力,四处找1957年的同事和领导,求他们证明自己就是右派,让人惊奇不已。

我舅舅的父亲,也就是我的外祖父,世居河南省南阳市唐河县,家有几十亩地,还开有一间酿酒厂,以现在的眼光看,大概算是乡镇企业家,1949年定家庭成分为地主兼资本家。舅舅解放初于南阳师范学校毕业后,分配到南阳的一所中学教物理,1957年反右派运动开始时,他任教务主任。舅舅出身不好,是斗争的对象,他自然是惶惶不可终日,饱受批判。运动后期,一位要好的同事偷偷地告诉他,上级决定将他打成右派,舅舅甚是恐惧,竟然不辞而别,逃跑了! 这一逃就是二十年,他去过青海、内蒙古、新疆,当过邮差,挖过煤,放养过蜜蜂,从不敢在一处久留,到处流浪,居无定所。1978年,他在流浪中得知中央决定给右派平反,恢复职务,真是欣喜若狂,千里迢迢赶回到南阳,要求教育局给他落实政策。一查教育局反右时期的档案,麻烦大了,右派分子的名单中没有李义成的名字,也就是说,舅舅并没有被正式打成右派。不是右派,怎么平反和恢复工作呢? 于是舅舅走上了漫长的证明自己是右派的求证之路。好在时间只是过去了二十年,当时的同事和领导都还健在,大家证明,当时确实定下将他打成右派,只是他跑得无影无踪,不得不将他的名字换下,如今要给他摘帽、平反,那就只得先将帽子给他戴上。于是舅舅兴高采烈地戴上了右派分子的帽子,又被摘下帽子、落实政策、恢复工作。只是年近六十、颠沛流离、脱离教学工作二十余年的舅舅已无能力再站上讲台,胜任教学工作了。他在督导员的岗位上一直干到退休。

我熟识的右派只有以上五位,他们的经历各不相同,但二十年的委屈与苦难是一样的,所幸结局倒都不错。想起他们,不由得一阵阵心酸,一番番感慨。今天说给青年朋友们听,一是希望大学十分珍惜现在的条件和环境,努力工作,快乐生活;二是希望大家不要忘记往日的教训,掌握权力后,可千万不要再重蹈因言定罪、加害同胞之可怕旧路,而要为建立平等、自由、民主、博爱、信任、互助的和谐社会环境共同努力。

巴黎塞纳河上的桥，真的是美轮美奂

　　我爱桥，桥真美。我爱北京的玉带桥，桥上的雕塑，是一首凝固的音乐；我爱济南的琵琶桥，我亲自参与了她的设计和建造；我爱南宁的凤岭立交桥，她可能是我今生手绘的最后一座桥；我爱巴黎塞纳河上的桥，她就像一曲交响音乐，在她上面走，在她下面游，寻看那天仙般的容颜，聆听那天籁般的音符。

　　20 世纪 80 年代末，我在武汉城市建设学院道路与交通工程系任教，曾和雕塑家王家友老师一起，开过一门选修课"路桥美学"，那时收集了许多国内外著名桥梁，其中，巴黎塞纳河上的桥，给我极深的印象，令我十分向往。2003 年，我有幸到巴黎游览塞纳河，终于一饱眼福，那些桥，真的是美轮美奂。我在桥上、桥下拍了数十张照片，附在书后，和大家一起分享。

　　在美学上，建筑、雕塑、绘画等都属于空间表现艺术。桥梁与建筑同属实用性空间艺术，依我看，巴黎塞纳河上的桥梁，本身就是精美绝伦的雕塑，她们是力学构成与美学构成完美的结合。建成于 1900 年的亚利山大三世桥是塞纳河上最美桥梁的代表，如是一座空腹钢梁平坦拱桥，结构轻盈舒展，拱圈和拱上立柱间装饰着喜庆的花环，拱顶处是富丽堂皇的美女圆雕，桥面十六对异常精美的桥灯将这座桥打扮成巴黎美丽动人的贵妇人，而高高矗立在桥头的两对金碧辉煌的巨大天马雕塑，更加衬托出她的典雅与高贵。人们说，建筑是凝固的音乐，我看塞纳河上的一座座桥，奏响了巴黎上空的一曲交响乐。塞纳河上几乎所有的桥都是拱形结构，无论是石桥，还是钢桥，无论是上承式、中承式，还是下承式，甚至无论是古代建造的，还是现代建造的，都选择了拱桥，但是拱曲线却有不同的形式：圆曲线、抛物线、悬链线……应有尽有。可以说，塞纳河上的桥，色调、式样、格调千姿百态，但都在统一的弧形主题中和谐共存，弧形拱圈是那样的柔顺俏丽，直线桥面又是如此的刚劲洒脱，他们相依相随，演绎着巴黎风情万种的春、夏、秋、冬，记述着巴黎千年岁月的风、雪、日、月。在建成于 1856 年的阿尔玛桥头,每天都会看到有人将鲜花献给在此遇难的英国王妃戴安娜。

巴黎塞纳河上的桥,每一座桥都像是在对人叙述一段段巴黎风情和历史,而且她们的叙述方式是多样的、艺术的。亚利山大三世桥上喜庆的花环,分别象征法国与俄国的美女圆雕,甚至连同那取自沙皇的桥名,都在告诉人们一段法俄结盟的历史;格和乐桥头的自由女神雕像,展现出法兰西人民为民主、自由、平等、博爱而战斗的精神、智慧、决心和力量,也展现出法、美两国人民的友谊和对共同价值观的追求;米哈波桥上诗人阿波利的头像和他那缠绵优雅的诗句,则向人们展现出巴黎人的浪漫与深情。巴黎塞纳河上的桥大多以人名命名,人,是记忆历史最鲜活、生动的载体,即使是桥梁设计师的名字也能作为桥名,玛利桥便是以他的设计者克里斯多夫·玛利的名字命名的,就如同埃菲尔铁塔是以他的设计师埃菲尔的名字命名的一样,这在我国是很少见的。

说起拱桥和以设计师名字命名的事,我很想讲一些值得怀念和记忆的往事。1965 年春天,济南市城市规划设计室市政组全体成员在组长王连祥的率领下住进了市委第三招待所,日夜加班参加济南市防洪工程设计。市政组技术力量不足,又从山东省建设厅调进一男一女两位技术员。男的叫谭庆链,参加排水设计,"文革"后当上了副市长、副省长,后来去到建设部任副部长;女的叫陈竹仙,南京大学毕业,为人极豪爽,技术也好,和我及我的同班同学程景伊一同参加桥梁设计。在做琵琶桥方案设计时,做排水设计的张国良工程师的方案被选中了,于是,济南护城河上的琵琶桥就由张国良、陈竹仙和我三人设计:张国良画桥型设计图,陈竹仙画结构设计图,我画拱架设计图。张国良工程师英俊高大,民国年间公派留学日本,技术精湛,但他在 1957 年被打成右派,据说是因为"骄傲,瞧不起领导",他是我认识的第一位"右派",他若还健在,也有八十多岁了。陈竹仙大我三、四岁,就像我的大姐姐,照顾我、帮助我。那时设计完成一座桥是要到工地现场参加施工的,我常和她一道去桥梁工地。琵琶桥建成不久,身体特棒的陈竹仙竟然英年早逝,很是叫我们伤心了一些日子。如今,琵琶桥是济南护城河上的一景,每逢节假日,桥上游人如织,不知是否还有人得起这位美丽、豪爽、英年早逝的女设计师?我想,若按贡献大小,琵琶桥侧应刻上"张国良"

的名字;若按纪念意义,应刻上"陈竹仙"的名字,若空间足够,刻上我们三人的名字也是可以的,当然这是不可能的。

　　注:《巴黎塞纳河上的桥,真的是美轮美奂》(1),(2),(3)分别发表在我的新浪博客与交通博客上,汇编本书时,将它们合并成为一篇。

神农架的夏天，你让我怎么过哦

2011年7月初，夏天的武汉酷热湿闷，我乘车向西北的神农架逃去。到达神农架林区木鱼镇，已近黄昏，从空调车中走出，马上感到浑身不自在。在武汉，从空调车中出来，会立即有一种从冰箱走进炉膛的感受，那才是我们武汉人的夏天，这里算什么？空调车内外竟然温度一样，那还要空调设备干什么呢？那还怎么消耗我花钱买来的能源呢？更大的不自在还在后头：我下榻的宾馆客房里，竟然没有空调，就是有空调的房间，老板说也不用开，这像什么话？宾馆客房哪有不开空调的道理？这几个月，我在北京、海南、湖北等地住过不少一般的或高级的宾馆，都是窗子关得严严的，就是不热，也闷得让人不得不开空调。神农架的宾馆客房不但不开空调，还不关窗，还不挂蚊帐，这怎么了得！当然，我一夜睡到天大亮，入夜，还不得不拉条薄被盖在身上，早上起床，身上也没见蚊子咬的包。宾馆老板说，神农架水凉，不生蚊子，真叫人不习惯。

第二天上街，不宽的马路上车辆单行，不像我们武汉，早高峰时段到处堵车，这我还可以接受，但空气中没有了我习以为常的刺鼻的汽油味和呛人的灰尘，我可以不断地深深呼吸，竟然一阵阵清新，这可真叫人受不了。走到香溪河边，流水潺潺，清澈见底，这哪比得上我们武汉市？在我们华中科技大学中，也有一条小溪穿过，但那水是黑的、黏稠状的，走在小河边，会有一种酸酸臭臭的味道冲入鼻孔，那才叫现代化城市气氛！总之，我看不惯这无色无味、潺潺流淌的小河水。当地人说，河里的水可以直接喝。我蹲下来，从流淌的河水中掬起一捧，一饮而尽，沁入肺腑，冰凉清甜，这也不像话。要是这样，那要我们现代化的自来水厂干什么？

逛了半天，很不理解、很不习惯，摇着头回到宾馆，拿出准备好的高级皮鞋油，按惯例，回家后擦擦皮鞋上沾满的污垢和灰尘。一看，刚换下的皮鞋，油光闪亮，哪来的灰尘？我愣了半天，实在闹不明白：我到底上过街没有？

注：大约在 1975 年前后，我还在石油大学工作，那时，刚兴起英语、日语学习热，我也跑去听课。英语老师教我们学习一篇英语小品文，说的是一位住在美国洛杉矶的人，常年生活在被污染的城市环境中，突然到滨海小城出差，对那里洁净的空气很不习惯，发牢骚抱怨。小品文写得很风趣，印象很深，一直没忘。近几年，我到过洛杉矶两次，去过高楼林立的市中心，也去过海滨小城圣地亚哥，还在小乡镇住过，小品文中反映的城市中严重的空气污染状况早已不复存在。完全想不到的是，目前我国城市的空气污染，几乎复制了一个世纪前美国洛杉矶的状态，而五十年后，我们也能恢复到洛杉矶如今的空气质量指标吗？我尤其盼望，像神农架这些地方洁净的空气质量，得以永远保持下去。我在神农架避暑，住了月余，照了一些照片，挑了一些附在书后，又试着写了上面那篇小品文，一并与朋友分享。

丹江口水库应宜居

2011 年 5 月,我在十堰市规划学会作讲座时,就与规划院唐院长约定,要去丹江口水库看看水面和岸边。对于丹江口水库,我有一个心结想解解。8 月初,我从神农架回武汉,绕道十堰市,实现了愿望。唐院长驾车,陪同我去到库区。路过山山洼洼时,他不时告诉我,到达南水北调设计水位标高 170 米时淹没线的位置,遥指远处需要移民的村庄,诉说着搬迁的难度和代价。那天是阴天,微风吹皱库区水面,一望无际伸向天边,水天连线也很模糊。小船破浪前行,好似濛濛的水,包围在人的前后左右与上下,让人感觉仿佛在水中穿行。其实,高高低低的水岸还是有的,还时常有水岛,迎面划来又移去。一眼望去,这些曾是山山岭岭的水岸及水岛郁郁葱葱,如黛如珠,被淹没的耕地与民舍静静地躺在库底。我曾到过水库对岸,那是河南省的淅川,库底躺着更多亘古的中原文化遗迹。为南水北调加高的大坝,将水位提高了 13 米,可保障一年向京津冀调去近百亿立方的淡水,支援那里的生产和居民生活。

高高的丹江水库大坝,浩瀚库水下被淹没的村镇和土地,被迫离开祖居地的移民,河南、河北两省万顷被开为渠道的良田,被割裂的大地,还有鄂、豫、冀三省被破坏的水系和生态环境,都在发问:京、津为何如此霸道、如此自私、如此肆无忌惮?

土地规划"门槛理念"是不支持生产和人口总量超过环境资源容量的,聚集,只能在聚集地产生当前的财富,但一定与可持续发展相悖。鄂豫两省为南水北调付出的代价太为高昂,能否从库区水体、水岸、水岛的土地利用上得到些补偿呢?我以为是可以和应当的,我和唐院长商谈,想为此做点什么。

回到学校,记下一首在库区想就的七律,权作记忆。

七律

一片汪洋浪接天,

丹江汇流鄂豫翼。

既然人满患京津,

何不师移泽中原？
高坝成海脑竟热，
周山作盆心怎甘？
正当天工精筹划，
万民永居安乐園。

江山如此多娇

真没想到,江山竟如此多娇。亲家是浙江省江山市人,2011年春节前,因故前去拜望。主管城市建设的姜副市长得知我从事的是规划和交通专业,驱车带我到江山市新旧城区转了转,希望我能对江山市的交通状况提点建议,之后他又派车陪我去了江郎山和清漾村。

对于浙江、江西和福建三省交界的仙霞古道和廿八都我倒是耳闻过,知道它们分别是闻名遐迩的海上丝绸之路的陆上通道和江南古镇;至于江郎山和清漾村,我则并不知晓。渐进江郎山,云雾缭绕,三根石柱拔地而起,与大地相连,竟似一个鬼斧神工的"山"字顶天立地,须江蜿蜒绕身,莫非这就是"江山"地名的来历?

江山,好大气的一个名字。为考察公交城乡一体化规划,我曾跑了香港的几个镇。想来好笑,"香港",好生香艳、腻歪,我生活的武汉,倒是威武的汉子,近处的杭州,也只是个"州",南京也只是个"京城",怎好同"江山"的气派相比?

毛泽东在《沁园春·雪》中写到"江山如此多娇,引无数英雄竞折腰",莫不是他老人家冥冥之中梦到过这大好河山?事实就这样神奇,珍藏在档案馆的毛氏家谱记载:一代伟人毛泽东的祖居地正是在江山市石门镇清漾村。清漾村口,一棵数百年的香樟树枝叶茂盛,小溪绕村前,一衣带水,毛氏祖祠前的荷花塘酷似湖南湘潭韶山冲毛泽东故居前的景色,连屋前的远山和村前的小路竟也神似。千余年间,小小的清漾村曾出过进士八十余人,实属惊人。我看到家谱中摘出的祖训"耕读传家,贵而不富,清正廉洁"后,很是感慨,毛泽东贵则贵,但他家大概是新中国领导人家庭中最不富的吧,好像毛家不见有富商和富官商的后人,甚至与毛家沾亲带故的蒋介石家也不如众多"高官二代"富。说来还真巧,奉化毛家竟是迁自清漾毛家,论起辈分,蒋经国的老母亲毛福梅与毛泽东同属清漾村毛家五十六代,如此说来,毛泽东还算是蒋经国的舅舅呢。毛家"贵而不富",只因毛家"清正廉洁",这大概是对毛泽东颇多微词的人也认可的吧。

海峡阻隔六十年，政通人和盼月圆

七律

赴台湾逢甲大学海峡两岸交通研讨会有感

海峡阻隔六十年，

政通人和盼月圆。

逢甲讲坛遇乡识，

中台山寺听佛缘。

日月潭深情如海，

阿里山高义比天。

祈福两岸罢干戈，

千山万水喜开颜。

2009 年，我去台湾参加"海峡两岸智能交通学术会议"。这次会议是我盼望已久的，不只为了学术交流，还想在台湾再结交几位教育界、学术界的同行朋友，更想游览宝岛台湾，可谓"一心三意"。

台湾逢甲大学林大杰博士早年毕业于台湾大学，后在美国康奈尔大学和加州大学分别获得硕士学位、博士学位，可谓经历丰富，见多识广，他做的组织工作极为细心，待人极为热忱。我提出想看一下台湾的智能化交通中心，他亲自驾车带我们去参观了台中区高速公路建造局的智能中心，还满足了我希望得到台湾有关快速路规划设计方面技术资料的要求。对我而言，在台湾开会比在美国开会方便许多，不仅语言相通，更令人感到亲切的是，与会者彼此之间有许多共同话题。吃饭时主持人特意将海峡两岸的朋友交错安排在一张桌子旁，巧的是我左右两边的两位老教授竟然一位祖籍河南，一位祖籍湖北。我生在河南，工作在湖北，因此我们有许多共同的话题：开封的包公祠、武汉的黄鹤楼，他们依稀都还记得，让人非常感慨。这样血脉相连的人民还能分开、还能兵戎相见吗？不能！海峡两岸有远见卓识的政治家肯定能找到统一方案的，两岸人民期待着，世界人民期待着。

指认学术剽窃是把双刃剑

2009年6月25日上午，我在书架上查找一份资料，准备下午交给08级研究生邓敏，供他研究城市快速路时参考。资料没找到，倒翻出了一张5月9日的《长江商报》，第7版有一篇报道"北大院士指认弟子剽窃"，我记得这是当时看后很感慨，特意留下的。

反对学术剽窃自然是对的，剽窃不但是道德堕落问题，而且窒息了学术创新，理应为学术界所不齿。但是要知道，任何学术创新都不可能无根无底，再有成就的科学家也一定是站在许多同行肩膀上成长起来的。想要有创新成果，就不可避免地要去学习、吸取前人的研究成果；哪个科学工作者不希望别人学习、应用自己的研究成果，然后将其进一步发展、完善、创新呢？敬畏学术道德、反对学术剽窃、弘扬学术创新是值得提倡的，但是不要以道德的利剑，藉反对剽窃之名，固步自封，自断创新之路。所以我以为：指认剽窃是把双刃剑，用得好可以维护道德、弘扬创新，用得不好则可能两败俱伤、阻碍创新。我看报道的陆道培院士等八名专家指认黄晓军教授剽窃之事就可能属于后者。即使某技术体系确实是陆院士最早提出并命名的，这也并不妨碍后人对该体系创造性的发展和完善。我注意到，指认的证据是"31篇论文中，有14篇论文存在20处数据错误"。平均每篇论文的数据错误只有0.6处，据此我判断，黄教授的创新和学术水平是很高的，何况黄教授还曾经是陆院士的研究生。陆、黄两位教授都应高兴才是：师生双喜，创新体系。

我虽不才，但也自认"最早提出并命名"了几个"理念"，如"立交等级、类别、型式理念""连续交通理念""交通逆向预测与控制规划理念""城市控规阶段交通评价理念"，等等，虽多次应用，多次在研究生教学中讲过，也在一些设计研究院做过讲座，但总归理论尚不系统、不完善，就凭虽未朽但已老的我的能力，定然是不能完成对它们的研究的。如有哪位后生完善了对它们的研究，形成了公认而有价值服务社会的理论，我能说人家是剽窃吗？当然不能。

规划局长,不贪污有多难

2009 年,我到海南开会,会后去看望我在大学时的同班同学吴俊辉,他在海南省建设厅厅长位子上多年,主管城市规划与建设,现虽退休在家,但对省内规划局长和他们的工作处境仍很了解。他告诉我,三亚市规划局局长曾清泉"也出事了"。说话间,他的神色黯然又惋惜,又一位专家型的规划局长倒下了。

2008 年,海口市规划局的四位局长和一位总规划师同时被"双规"时,在国内引起了好一阵骚动。海口市规划局的五位局长我都熟悉,因工作关系,同他们来往多年,别说给他们送礼、送钱,就是饭,也没请他们吃过一餐,但在工作上,他们从没有过刁难,而且业务精通,服务到位,很难将他们和"不送钱不办事,送了钱乱办事"的贪官联系起来。

当一位规划局长,不贪污有多难呢? 我想起我的另一位同班同学张钊鉴对我说的话。张钊鉴曾任广西壮族自治区南宁市规划局党委书记、局长,兼任土地局党委书记、局长,也算是权大一时的"四个第一"吧。2000 年,他从规划局局长的位置上退休下来,再也不问政事,带带孙子爬爬山,旅游读书似神仙,甚是快活。大约是 2002 年,我和几位老师、学生去南宁,与广西壮族自治区综合设计院共同设计立交桥,他提着一袋广西特甜美的龙眼到宾馆看我,我们边吃边聊,说起了判处死刑的全国人大常委会副委员长成克杰,很有一番感慨。成克杰任广西壮族自治区主席时,张钊鉴正好任南宁市规划局局长,成克杰出事的几件房地产案件,大都经过他的手,但我的同学张钊鉴硬是一身清白,连我都感到骄傲。他当时说的一句话很是叫我惊讶:"赵宪尧啊,你不知道,当一个规划局长,不贪污有多难啊!"我问道:"你举个例子,我看看有多难!"他说:"我举个最一般的例子吧。一个很有背景的开发商,跟你也很熟悉,要到你办公室汇报工作,反映情况,你不能不接待吧,他来了,面上的事谈完了,临走留下一袋资料,说,这是资料,请张局长先看看,过两天我来听您的指示。他走了,你打开资料袋一看,资料中夹着一包钱。只是天知地知,他知我知。怎么办?你叫他回来拿走,否则交纪委。一次两次,你坚持住,九次十次呢?难不难?"我想,难!我不敢夸口说我一定能坚持住。我问他:"你是怎样坚持住的呢?"他告诉我:"我对我自己和我的几位副局长说,你今天是他的局长,一旦收了他的钱,明天就是他的一条狗!"好难听的话,好清醒的头脑!想到、说到、做到,容易吗?

吴俊辉说得冷静些:"我的政治生命不能叫老板拿在手里。"我真的为我的同学感到骄傲,顺便说一句,我更为我们全班——武汉城市建设学院城建 6401 班骄傲,我们甲、乙两个小班,共 57 位同学,1964 年毕业,绝大多数担任过厅长、主任、局长、处长、院长或总经理职务,退休下来,竟无一人"出事"! 看来,当一名规划局长,不贪污也难,也不难。话又说回来,像海口的几位学者型局座,贪到手只不过百十万元,我知道他们的同学,包括我的学生,可能技术和工作能力并不比他们强,正大光明地搞设计、搞科研,或者当老板,一年收入几十万的,大有人在。所以我以为,要想赚钱莫做官,要想做官心莫贪。伸手贪钱必被捉,哪能一生得平安。

五一国际劳动节话工作与生活

　　2009 年的五一国际劳动节,道路 8502 班的同学聚集在武汉的母校——华中科技大学,庆祝大学毕业二十周年。二十年后,这群当年青春朝气、活泼可爱的小伙子和姑娘们如今都已步入中年,他们那豪情满怀但又辛劳疲惫的面容使我百感交集。轮到我发言了,说什么呢? 我说起了 122 年前的 5 月 1 日,芝加哥的工人为了争取劳动和休息平衡的权利,流血斗争,换来"八小时工作制"。

　　我想,八小时工作制,这应该是和谐人生的基本保障。有工作才有收入,才能睡眠安稳。有了钱、睡好觉为了什么呢? 为了幸福生活,为了健康成长! 幸福生活是什么? 是去吃想吃的美食,去爱自己想爱的人,去说自己想说的话,去看自己想看的书,去做自己想做的事,去到自己想去的地方,当然这一切离不开健康的身体。我问过我的许多人到中年的学生,还特意去东莞市长安镇对打工的白领和蓝领做过调查,对他们来说,每天工作十到十二个小时是很平常的事,对八小时工作制的权利几乎没有主动要求的,更不用说组织工会进行罢工游行去斗争、去争取,这真令人感慨! 我见过不少劳累过度、疾病缠身的中老年人,他们有一句无奈也略带后悔的话语:"过去加班加点用健康和青春赚钱和工作,现在却在用金钱回购健康与生命。"所以我希望同学们重视并坚持八小时工作制,保护自己和自己员工的身体健康,共同去享受美好的生活。

　　我告诉同学们,他们很幸运,毕业后国家统一分配工作,而现在的大学生,他们需要自己去应聘,社会为他们提供的理想岗位真的不够。我还告诉同学们,要是大家都坚持八小时工作制,一定能腾出不少工作岗位给他们等待工作机会的师弟师妹们。其实当年美国芝加哥工人大罢工要求八小时工作制还有相配套的要求和目标,那就是向资本家要求合理的工资和公平的就业机会,资本家不能任意要求员工加班,也不能任意解雇员工。

2007 年我去欧洲，为我们开车的是位豪爽的德国女司机。晚上我们想请她加个班带我们去巴黎拉德芳斯的外环快速路上看看，她说她已经下班了，我们说我们另外给她加班费，她很平静地告诉我们，他们的工会是不允许加班的，她说："你们可以坐的士去。"我看着面前已经工作了二十年的同学们（他们中有的是政府官员，有的是设计院院长，有的是企业经理，有的是大学教授，还有的是企业老板和技术骨干），说道："如果你们都能为自己、为他人、为社会去坚持和争取八小时工作制的权利，那么 122 年前芝加哥工人的奋斗流血就算在我们这里开花结果了。"

上海同济大学规划讲座偶感之一
——为什么我高兴

七绝

绿岛椰林海天连，

日新月异三十年。

洋场十里今胜昔，

浦江两岸楼入天。

山远心动西湖美，

柳近面抚东风暖。

若非改革开放好，

哪得夕阳高兴伴。

2009年4月阳光明媚，春暖花开，我用十余天到了三座美丽的城市：先到海南省文昌市，向主管建设的郝市长及规划局陈局长介绍"城市连续交通"技术；接着到上海同济大学，在潘海啸教授的主持下作了题为"城市交通规划技术"的讲座；后来又去了杭州市，为杭州市城市规划设计研究院作了一场"城市交通规划技术与交叉口规划技术"的讲座。一路下来，谈起这些城市交通技术很是高兴。几十年来，我学的、用的几乎都是前苏联的系统技术，当然，那也还是很不错的。改革开放以后，欧美的先进技术引进来，我们开阔了视野，也全盘接受下来了，慢慢地我们又有了自己的体会和经验，便着手建立更适合我国特点的技术理论系统了。这个"学习—运用—发展"的过程是很叫人高兴的。说实在的，由于前苏联和欧美等国家先进技术的引进，我们的技术进步加快了数十年。在当代，这种学习和进步似乎用不着"执剑"，只需"执笔"就行。怎么不叫人高兴呢？

在这三座美丽的城市，我住的地方都能收看凤凰卫视，这又是一件令人高兴的事。记得若干年前，即使我在大学工作，也是不能收看凤凰卫视的。凤凰卫视的节目特别及时、全面、有趣，我喜欢看《锵锵三人行》。那天正好窦文涛和一男一女两位学者在"锵锵"：男的叫宋晓军，女的叫查建英。说着说着,查女士很不高兴,杏眼圆瞪、红颜恼怒,对《中国不高兴》的一位作者声讨起来,竟然称其是"小女人"(显然那是位男士),弄得同是《中国不高兴》作者的宋先生好生无辜与尴尬,机灵的窦先生赶紧一个劲地夸宋晓军的绅士风度,很是有趣和好看。还有好看的是几天后的《一虎一席谈》。场上的男士有《中国不高兴》的另一位作者王小东,他一脸严肃,主张"执剑经商",领导世界。与他PK的女士却是两位年轻的外国姑娘,笑容满面地不断表述"现在的世界不是这样的"。王小东除了在应对"胡锦涛可不是这样说的"时说"胡锦涛不能说,我来说"比较慷慨激昂外,大多数时间很是平和,甚至有些木讷,怪不得胡一虎连忙问道:"是不是被美女给软化了?"看这样有趣的节目能不高兴吗?

上海同济大学规划讲座偶感之二
——为什么我不高兴

前面我写了一篇文章《为什么我高兴》，其实，我也有不高兴的时候，譬如在我翻看了《中国不高兴》之后的那天夜晚。这本书勾起我两段沉痛的记忆，真的是好不高兴，我想我得说说"为什么我不高兴"。

2009 年 4 月，我到上海同济大学作讲座时，潘海啸教授安排我住在同济大学迎宾馆，那里可以收看凤凰卫视。深夜了，打开电视，凤凰卫视的学者型谈话节目主持人梁文道正拿着一本厚厚的《中国不高兴》认真地介绍。梁先生来过我们学校华中科技大学，夸我们学校树多，他说教育与树有关，孔子和佛祖都是在树下讲学的。我喜欢他的博学和坦诚，那晚我记得他说《中国不高兴》从严格意义上来说不是一本书，结构不系统、逻辑不严谨、文笔也松散，其实只是一本几个人的谈话记录，所以我想这书是不值得买的。第二天我去同济大学校区，四平路正在搞建设，乱糟糟的，得走赤峰路。我看到一个地摊上就有这本书，一问摊主，十元一本，正好一碗朝鲜冷面的价钱，不贵，买一本晚上看看吧。晚上翻开看看，越看越不高兴，很吃惊，怎么这样说话？的确，这不是一本严格意义上的书，是几个中国人和几个外国人的谈话记录和论文集，它们使我想起了"文化大革命"时期的大字报，不由得心情沉重起来。

"文革"开始时，我在济南城市规划设计室（就是现在济南规划设计院、市政设计院、建筑设计院、勘察设计院等四院的前身）工作，那里算是"知识分子成堆的地方"。市委工作组第一批进驻，又赶上两报一刊社论《横扫一切牛鬼蛇神》的发表。一位女技术员怯生生地问："为什么是横扫呢？"工作组领导回答是："竖扫一条线，横扫一大片，扫着谁是谁。"很快大字报贴满了院内建筑墙面和木板搭起来的大字报棚，一个个同事被点名揪了出来，点名批判面广是那时大字报的一大特点。《中国不高兴》收集了 287 篇大字报，点了钱钟书、王朔、王小波、王蒙、白岩松、宋祖德、韩寒、范跑跑、崔卫平、龙永图、奥巴马等人，电影《色戒》、报刊《南方周末》等也都在点名之列，很是可观，按此点法，很快就能"横扫一大片"。那时大字报的第二个特点是上纲上线戴帽子，"不高兴"的帽子不少，纲也上得可怕，逆民族主义、汉奸、文艺腔、自由知识分子、右派、卖国等，这是在"文革"时期，可都是打倒在地再踏上一只脚的罪名啊！第三个特点是口气大，"国家者，我们的国家；天下者，我们的天下"，大字报都有"大目标"——解放世界上四分之三受苦受难的人民，大字报有"内忧外患"——内要防修，外要反帝，要打倒美帝国主义及其一切走狗！当我们喊着"大时代，大目标"过去了十年，睁大眼睛一看，与我们的国力，与老百姓的生活密切相关的国民经济、科学技术却落下了一大截。想起这段经历，怕它再回来，我当然不高兴。

当我翻到《持剑经商：崛起大国的制胜之道》这篇谈话记录，看到"看一下我们中国的现状，我们的人口，我们的资源，我们的能力，就只能得出这两句话：人要走出去，东西要拿进来"，看到王先生要我们发扬"明代，中国的海盗还是很了不起的，很少几个人就能够在国外横行""把另外一个超级大国给端了吧"的精神，还有"把话说得明白一些，就是把中国的退伍兵都用起来""我们的海外保安公司应该能够在世界上许许多多的地方获得成功"的话语，我沉重地想起 2008 年在南京参观南京遇难同胞纪念馆的悲愤和思考。那里大量的图片记录了侵华日军的野蛮残暴和我们民族的苦难，还有图片展示了当时日本国内妇女、儿童、狂热民族主义者的欢呼，还有广岛、长崎原子弹爆炸及战后正义审判的许多照片。当年的日本军国主义给中国人民，也给日本人民带来多大的苦难啊！我当时填写了下面这首词：

清平乐

民族狂热，

兽行害黎民。

铁血汉子人性灭，

只为战犯卖命。

绞杀首恶松井，

双城两弹受刑。

世人莫忘教训，

同心保卫和平。

经过这场苦难，狂热的民族主义还能让人高兴吗？王先生在凤凰卫视《一虎一席谈》争辩时说:"胡锦涛不能说,由我来说。"他的意思我明白,他想说我们国家领导人同他王小东的想法是一样的,但不能说出来,我王某人就代他们说了。这种狂妄很可笑!我们国家领导人一再表达中国和平发展的既定国策,他们是心口如一、言行一致、负责任的大国领袖,这不但是中国人民之幸,也是世界人民之幸。想到这一点,我们还是应该高兴的。

为什么说现在的大学生
不如以前的大学生

  2009年，我学习写第一篇博文，我的学生，华中科技大学建筑与城市规划学院的研究生彭镇帮我申请好了博客地址和用户名，教给我写出了一句话："我今天试试开始写博客文。"彭镇又加了一句："欢迎光临!"点了一下"发博文"，大概算是发出去了。说来也巧，用手机发短信是我的研究生潘东来教给我的。我的学生几乎都有手机，为了工作方便，我也给他们买过手机、缴纳过电话费(顺便说一句，我之所以有科研经费支出，完全离不开我的学生和我一起完成科学研究和规划设计项目)。有一次我打电话找潘东来，电话中发出"您所拨打的用户已关机"的语音提示。中午联系不到他，下午的会他不知道，没有来参加。后来我怪他关机误事，他不好意思地说："我中午休息，关了一会，您要是给我发信息就好了。"我有点不高兴地顶了他一句："你关机我发信息有什么用?"他说："我一开机就能收到的。"我这才知道，原来用手机发信息还有这种好处。他几乎是手把手地教会了我用手机发信息。

  现在的大学生不如我这个"以前的大学生"吗? 不是吧! 有人说："他们学习没有你们刻苦。"我是1959年考上大学的老大学生，当过学习委员，当过班长，在老大学生中属于"学习刻苦"的。我的学生学习不刻苦吗? 有一个学期，我给毕业班上一门重要的专业课，第一天第一节课就有一大半学生没到教室，我问是怎么回事。到教室的同学说："没来的同学，有的在准备考研，有的要去赶招聘会找工作。"我当时并不完全相信，以为可能有学生在睡懒觉，我有些生气，就要来上课的班干部带我到学生宿舍察看。我看到了什么? 大清早，宿舍空无一人! 当我回到教室时，看到坐满了学生。在我去宿舍察看时，同学们互相用手机转告："赵老师生气了，快来教室。"同学们从图书馆，从去应聘的路上急急赶回了教室。我一问，按时到教室的同学不是保送研究生，就是已经定下工作的，要不就是今天不去应聘的。我的心里很不好受! 我上大学时有这样刻苦吗？我需要为找工作大清早着整装齐去赶招聘会吗？我有过日夜苦读考研的刻苦经历吗？我大学毕业，完全不用自己操心，立马就是国家干部，去哪里工作还要征求一下我的志愿。有人说："他们实践工作能力没你们强。"我在大学毕业前能干什么呢？1964 年，我大学毕业，分配到山东省济南市，一年后，在老工程师张国良的带领下才完成了济南市琵琶桥的拱架设计图。现在我负责完成的数十项科研和规划设计任务，哪一项不是我的研究生，甚至我的本科学生参与完成的？我在上大学时有这样的机会和能力吗？没有！所以我实在不明白，为什么说"现在的大学生不如以前的大学生"？

告别江湖，却也是依依不舍

2013 年,是我人生第六个本命年,2013 年的 8 月 23 日,是我七十二岁生日。儿子一家还没有从美国归来,女儿一家也还在深圳忙忙碌碌。

起床,难得的凉爽,收到几条短信祝福;早晨,我和老伴每人一碗,吃着自己做的传统生日面条;中午,我俩去到秀玉红茶坊,相对而坐,点了几样牛排、西点,权当贺寿;昨天,去汉口参加了"武汉市交通拥堵收费可行性研究开题报告"咨询会;去年,我所主持参与的最后一个纵向科研项目《武汉市快速路规划、设计、管理技术规定》已经发布试行;更早,六十五岁那年,退休前,送走了我所带的最后一届硕士、博士研究生;接着,进入七十岁,上完了我的最后一门研究生课程"交通规划理论与实践",告别了七尺讲台。如今,我以为,"最后"就要汇齐,告别江湖,正是时候。

我本科所学专业是"城乡规划与建设",半个世纪以来,我追求和为之努力的目标只有一个,那就是规划与建设"美丽家园,幸福生活"。当然,这个目标不仅仅是为了我自己。告别我在其中摸爬滚打半个世纪的城乡规划与建设这片江湖,是必然的、迟早的事,但时候来到,却也依依不舍。我总是得说:"再见了,我为之倾情的城乡规划与建设这片江湖!"也许,对于我一生所追求的"美丽家园,幸福生活"话题,还有机会梦呓般地向我往日亲爱的老师、同事、同学、同行们慢慢地聊起。

后记

　　2014年3月8日，我应邀到武汉"名家论坛"上讲"大城之困"，现场讲得痛快，听众反响也甚热烈。根据录音整理的文字记录稿，论坛举办方第四天就发给了我，很是想将它收入本书。同时出版的拙著《可持续发展城镇化道路》就要脱稿，尚需一章结语，表述一下该书写作的初衷。这份记录文字正好适用，便附在了该书之后，对我国现阶段"大城之九困"感兴趣的读者可以找来看看。那本书讲的是我国城市化进程中存在的问题及其解决思路，极为专业，而且事关城镇化进程大事，话题比较严肃。但由于该书刊出大量我赴美考察所拍精美照片，且行文轻松、平实、可读性强，也算有趣，值得一读。

　　类似于"大城之困"这样性质的文章，在本书中也还有几篇，如像《"江山大讲堂"畅谈城市与交通》《单双号限行治堵，是无奈，无理，无能之举》《高铁乱象》，等等，都是以人们易懂的文字，谈论重大、专业、严肃的热点话题。

　　本书文章也涉及其他一些与本人专业无甚关系的社会热点，如《为什么我高兴》《为什么我不高兴》《季羡林先生告诉我们，做学问要"真"》等，大约是可以归于杂文系列的。是的，我佩服"不"派作者们文字的犀利、感染力与煽动力，但极为不认同他们的棍子作风与耸人听闻的炫耀。

　　"不"派作者们的文字和思想并不是我国舆论宣传的主流，如今能够堂而皇之地出版发行，倒是正好证明了我们的舆论宣传部门基本摒弃了往日霸道的审查、屏蔽作派，正在鼓励百家争鸣、百花齐放。霸道愚蠢的审查不但可能葬送和扼杀百家争鸣、百花齐放的大好局面，而且使人不能说，也不敢说真话、实话，还诱使人说假话、套话。对于不敢、不能说真话，而又不愿说假话、套话的有识之士，便应运生出了网络谜语与神话。如像2014年春天，便盛行"大老虎"谜语和"你懂的"神话。谜语"大老虎"，诠释了流行歌词"你猜，你猜，你猜猜猜"，诱发全民竞猜乱象；神话"你懂的"，神神忽忽、真真假假、虚虚实实，营造出严肃话题嘻嘻哈哈的娱乐氛围。假话、套话与谜语、神话联手，如果完胜真话、实话，那可不仅是文风的灾难，而且一定会诱发价值观的灾难、社会的灾难、民族的灾难。对此，文坛与社会不能等闲视之，置之不理，而应共愤之、共讨之，则必胜之。

《我认识的几位规划建设领域的右派》(一)、(二)以及《一所大学被折腾得形神俱失》这样的文字是在记录历史，自然真实，情感流露。若不是亲身经历，是不会记叙得这样感人且有历史意义的。读者阅读这些文字，思考历史的经验教训，就一定能理解"不折腾"对于人民幸福生活与社会健康发展的重要性。

本书应该有一部分特有读者群体，那就是城市规划与建设领域里的科学技术人员与干部，因为本书有不少文章其实是专业性很强。如像《公路姓公》《移开三座山，走上创新路》《规划是龙头，所以是祸首》《没有名牌的名牌大学》，等等，都是这样的文章。不过，这些文章，一般的读者也都是可读的，它们涉及的话题具有社会性、普遍性，造句行文也并不像一般专业论文那样生涩、枯燥。

书中精美的照片和填写的诗词，大约算是本书最靠近文学艺术范畴的内容，然而，这正是作者能力薄弱之处。我相信，若不是搭配编辑进来，它们是不大可能单独出版发行的。但我还是很喜欢这一部分的内容，我以为，文字有真情和意境，就有了美的基本条件，再讲究一些技巧，就可能吸引人、感动人。例如，我在微信朋友圈上发了一首词：

阮郎归 · 喻园春愁

满园红樱关不住，总是离人愁。

绿柳丝长桃花落，相思哪有头？

竹心空，山茶谢，无心待月俦。

日出月落都相似，迷眼泪常流。

有朋友圈里的朋友问我这是宋代哪位文学家填写的诗词，我有点受宠若惊，但细细品味，写得还真不错。其实，读者若能品出填词的背景和作者要表达的情愫，真的可能会评价：这是一首相当不错的词。

《蓝天白云的忧思》之附图

美国华盛顿

美国费城　　　　　　　　　　　美国水牛城

尼亚加拉大瀑布　　　　　　　　加拿大边境

加拿大多伦多

美国珍珠港

美国拉斯维加斯

美国芝加哥

美国夏威夷

《神农架的夏天,你让我怎么过哦》之附图

神农谷

神农杉

大九湖

神农大鲵

神农架

《巴黎塞纳河上的桥》之附图

塞纳河上的桥

空腹坦拱钢桥

桁架式坦拱钢桥

实腹坦拱钢筋混凝土桥

空腹坦拱钢桥

实腹坦拱钢筋混凝土桥

双层多跨空腹坦拱钢桥

桥墩雕塑装饰

变截面钢梁桥

多孔桁架拱钢桥

单孔钢桁架拱桥

俯览多姿多彩的巴黎城市桥梁

《一所大学被折腾得形神俱失》之附图

北京石油学院

华东石油学院

中国石油大学（东营）

中国石油大学（北京）

中国石油大学（黄岛）

华东石油大学当年的盐碱滩和水库

20 世纪 70 年代末的华东石油大学

华东石油大学的干打垒

华东石油大学图书馆南广场

华东石油大学水库

华东石油大学东营校医院

华东石油大学双曲拱薄壳会堂